新农村农家书系

云南梨树优良品种及高效栽培技术

云南省农家书屋建设工程领导小组 编

云南出版集团公司
云南科技出版社
·昆 明·

图书在版编目（CIP）数据

云南梨树优良品种及高效栽培技术/武绍波编著．—昆明：云南科技出版社，2009.3（2021.2 重印）
（新农村农家书系）
ISBN 978－7－5416－3084－2

Ⅰ．云… Ⅱ．武… Ⅲ．①梨—优良品种②梨—果树园艺 Ⅳ．S661.2

中国版本图书馆 CIP 数据核字（2009）第 031245 号

云南出版集团
云南科技出版社出版发行
（昆明市环城西路 609 号云南新闻出版大楼　邮政编码：650034）
昆明理煋印务有限公司印刷　全国新华书店经销
开本：850mm×1168mm　1/32　印张：4.375　字数：110 千字
2009 年 3 月第 1 版　　2021 年 2 月第 5 次印刷
定价：15.00 元

《新农村农家书系》编委会

本册编著：武绍波

序　言

推进社会主义新农村建设，是符合国情、顺应潮流、深得民心的历史选择，是统筹城乡发展、构建和谐社会的重要部署，是加强农业、繁荣农村、富裕农民的重大举措。党的十六届五中全会通过的《中共中央关于制定国民经济和社会发展的第十一个五年规划的建议》，指出了建设社会主义新农村的重大历史任务，为做好当前和今后一个时期的“三农”工作指明了方向。党的十七大报告中指出：解决好农业、农村、农民的问题，事关全面建设小康社会大局，必须始终作为全党工作的重中之重。要加强农业基础地位，走中国特色农业现代化道路，建立以工促农、以城带乡的长效机制，形成城乡经济社会发展一体化新格局。中共云南省委、云南省人民政府《关于贯彻〈中共中央国务院关于推进社会主义新农村建设的若干意见〉的实施意见》是对我省新农村建设的具体指导。

新闻出版业“十一五”发展规划指出，要积极组织实施“农家书屋”工程，充分发挥政府、社会等各方面的力量。目前，“农家书屋”工程作为新闻出版总署的头号工程正紧锣密鼓地展开，受到广大农民群众的热烈欢迎，已成为新闻出版服务农村工作的一大亮点。为配合这项工程，云南省新闻出版局等部门按照省委、省政府关于建设社会主义新农村的部署和要求，紧密结合我省农业发展实际，适应农民群众接受能力和水平，组织编写并由云南科技出版社出版《新农村农家书系》，这是重视农业、支持农村、服务农民，助力我省新农村建设的实际行动，是推进新农村建设的具体举措。目的是在新形势下让广大农民朋友成为有文化、懂技术、会经营、遵纪守法的新一代农民。

《新农村农家书系》是云南科技出版社继《云岭新农民素质丛书》之后又一套服务于“三农”的农村图书。该书系第一辑由84种图书组成。而这84种图书，又由以下几个部分构成：劳动力转移技能篇、卫生防疫医疗篇、实用技术养殖篇、实用技术种植篇、农作物病虫害防治篇、新型农民素养篇。

本书系从云南实施“农家书屋”的实际出发，以贴近农村、贴近农民而精心设计。充分发挥新闻出版行业优势，制定切实可行的农民读书方案。注重持续发展，使“农家书屋”的图书让农民看得懂、用得上、留得住；每年都有新品种持续出版。技术内容突出农业结构调整与产业发展的要求，图书在内容上本土化、原创化。

农业丰则基础强，农民富则国家盛，农村稳则社会稳。希望社会各方面进一步关心、支持、参与新农村文化建设，推进“农家书屋”工程建设步伐，使“农家书屋”工程成为惠及广大农民群众的民心工程，推动我省农村走生产发展、生态良好、生活富裕的文明发展道路。

目　录

第一章 概 述

一、云南梨果生产现状

1998年云南梨树种植面积为52.94万亩，总产量为14.58万吨，面积和产量分别占全省果树总面积的18.08%和21.42%。梨的总产量居全省果树中第一位，面积居第二位。

云南梨树的种质资源极为丰富，地方良种较多，主要的地方良种有：呈贡宝珠梨、清水梨、会泽宝珠梨、威宁大黄梨、富源黄梨、玉溪黄梨、陆良蜜香梨、元阳鲁沙梨、巍山红雪梨、云龙麦地湾梨、文山它披梨。这些良种中以富源黄梨分布较广，栽培较普遍。其他良种仅在局部地区有分布。由于地形的限制，造成了云南大部分地区的梨树种植零星。房前屋后，田边地头栽种梨树最为普遍。目前，商品化种植较好的地区有呈贡县、安宁市、晋宁县、泸西县。

云南梨树的主要砧木棠梨是一种较为普遍的野生果树，农户直接把接穗嫁接于野生砧木上，所以，形成了云南大部分地区的梨树生长参差不齐，梨树品种多而杂。由于云南梨树栽培受地形的限制，栽培方式又比较落后，使云南梨树种植规模化不够，商品化程度低，地方良种品牌化差。水果交易市场上的梨果，还是外省梨占主导地位。

二、云南梨果生产的方向

1. 充分利用云南特有的光热资源走特色化道路

云南春季气温回升早，梨树萌芽，开花均比省外提早，大部分品种的果实可提早20天左右上市。梨果种植可实现早上市高价，高效益。另外，云南梨果种植的滇中地区及其他高海拔地区，光照强，有利于梨果的上色，是生产着色梨的较好区域。充分利用光能优势，发展红色梨也是一条梨果生产特色化的好路子。

2. 利用与东南亚毗邻的地理优势种植出口梨

云南与东南亚毗邻，而东南亚不能生产梨，市场上的梨果均需要从日本及韩国进口，梨果售价高。云南可充分利用地理优势，大力生产出口型优质梨，从而实现梨果生产的高效益。

3. 因地制宜提高建园质量

云南梨果生产集中区域，冬春干旱，尤其是梨果萌芽开花前及果实早期生长阶段的干旱严重；山区种植区域坡度大、土层浅、土壤瘠薄，梨果发展区划要本着因地制宜，适地适树的原则进行，要重视基础设施建设，提高建园定植质量，为梨果生产的优质高效益奠定基础。

4. 实施矮化密植栽培

受传统栽种方式的影响，云南梨树种植上一直采用大树冠，稀植方式，其弊端是梨树投产晚；疏花疏果、果实套袋、病虫害防治困难。因此，实现云南梨果生产的优质高效，要从大力推广矮化密植，提早结果的栽培方式入手。

5. 完善果实采后处理配套设施，走梨果销售品牌化之路

采后处理、商品包装一直是云南果树生产上的软肋。而梨果的分级选果，已经极大地影响云南梨果的商品品质，所以，配套采后处理设施，实现梨果的商品化处理是提高云南梨果效益的重要措施。

云南有着较多的梨果良种，自然条件也有利于生产优质梨果，但地方良种资源的开发不够，其原因是由于梨果的品牌营销起步晚，优质未必能优价。因此，加强品牌培育是增强云南梨果市场竞争力，提高梨果生产效益的有效途径。

第二章　云南梨树的主要品种及砧木

一、引进筛选的良种

1. 早酥梨

(1) 品种来源及分布

中国农科院果树研究所用苹果梨×身不知育成，全国有名的早熟优良品种。1974 年引入云南，分布在寻甸、官渡、嵩明、安宁、玉溪、曲靖、昭通、大理、楚雄、泸西等地，其中泸西县生产的早酥梨曾在武汉召开的南方早熟梨评比中获第一名。

(2) 生物学特性

早酥梨的植株生长势较强，新梢的年生长量大，嫁接苗长势旺。全树萌芽力强，成枝力弱。幼树开始结果早，短果枝结果为主，果台枝连续结果能力差。花序坐果率较高，丰产性强。果实中大，留果量大，春季干旱缺水地区果实偏小。

(3) 栽培要点

根据早酥梨萌芽力强，成枝力弱，果台枝连续结果能力差的特点，早酥梨一是要采取春季多刻芽，秋季多拉枝。长枝挂果后回缩，延长枝常用竞争枝换头的修剪方法；二是要注意疏花疏果，保证果实品质及连年丰产。

(4) 适栽区域及发展建议

早酥梨早熟，不耐贮运，宜在城郊发展。

云南 1700 ~2200 米的海拔区域均可发展。

选择小树冠整形，在有灌溉条件的地区发展效益较高。

2. 金花梨

(1) 品种来源及分布

原产四川省金川县沙耳乡孟家河坝，从金川雪梨中选出的优良单株培育而成。

(2) 生物学特性

树势强健，树姿直立，萌芽率高，发枝力较强，长、短果枝及腋花芽均能结果。容易形成腋花芽，连续结果能力强，具有良好的丰产性能。一年生枝黑褐色，粗壮，嫁接苗长势较强。果大，平均果重 420 克，最大果重 1050 克，果皮薄，在云南开花较早，配置授粉品种较困难。

(3) 栽培要点

金花梨树势强，幼树枝条直立，修剪时要注意开张角度，用中大形树冠。花期早，要配置本地黄梨，苍溪雪梨或富源黄梨。

(4) 适栽区域及发展建议

金花梨适应性较强，在海拔 1800 ~ 2200 米区域可大量发展。注意配置花期一致的授粉品种。

3. 雪花梨

(1) 品种来源及分布

原产于河北省中南部，现河北省赵县栽培最多，为当地最优良的品种之一。1974 年引入云南，现寻甸、官渡、楚雄、禄丰、泸西、大理、会泽、晋宁等地均有栽培，表现较好。

(2) 生物学特性

树势中庸，树姿直立，苗木及幼树生长较慢；萌芽力强，成枝力中等。以短果枝结果为主，中、长果枝及腋花芽结果能力也较强。果台副梢发枝能力弱，连续结果能力差。每个花序平均坐果 2 个，丰产，稳产。

(3) 栽培要点

幼树生长较慢，喜肥沃土壤，树冠内外均能结果，实施套袋栽培，果实外观更优。

(4) 适栽区域及发展建议

雪花梨适应性较强，在海拔 1600 ~ 2200 米区域可大量发展。

4. 黄花梨

(1) 品种来源及分布

浙江农业大学用黄蜜和三花杂交育成。是华东地区推广的优良品种，1984 年引入云南，在官渡、禄丰、泸西、寻甸、剑川等地表现成熟早，产量高。

(2) 生物学特性

黄花梨生长势强，树冠较开张，枝条较粗，萌芽力强，成枝力中等，极易形成花芽，短果枝结果为主，果台枝连续结果能力强，幼树投产早。

(3) 栽培要点

花芽易形成，注意疏花疏果，套袋栽培果实外观品质较好，可用小树冠，设施栽培。

(4) 适栽区域及发展建议

黄花梨早熟丰产、稳产，可进行设施化高效栽培。

5. 苍溪雪梨

(1) 品种来源及分布

苍溪梨又名施家梨，原产四川苍溪，四川各地栽培较多，是我国沙梨系统中最著名的品种之一。云南以昭通市种植较多。

(2) 生物学特性

枝条开张，树势中庸，以短果枝结果为主，花期早，坐果率高，果台枝连续结果能力弱，大小年结果突出。

(3) 栽培要点

苍溪雪梨喜冷凉气候环境，栽种于肥水条件较好地方表现好。

(4) 适栽区域及发展建议

苍溪雪梨适宜云南气候冷凉地区发展，若利用增设肥水，疏花疏果及果实套袋等配套技术，品质会更好。

6. **冀蜜梨**

(1) 品种来源及分布

冀蜜梨由河北省农林科学院石家庄果树研究所以雪花梨为母本、黄花梨为父本于1977年杂交培育而成。1993年引进安宁市种植。

(2) 生物学特性

长势强，萌芽率高，成枝力中等。结果早，短果枝结果为主，果台枝抽枝力强，连续结果力强，坐果率高，丰产、稳产、抗病力强。

(3) 栽培要点

中等密度种植，疏花疏果。果实进行套袋，外观品质极佳。

(4) 适栽区域及发展建议

冀蜜梨适应性强，在云南海拔1800～2100米地区试种植表现丰产、稳产。建议在管理技术较好的滇中地区，采用小树冠高效栽培。

7. **硕丰梨**

(1) 品种来源及分布

硕丰梨系陕西省农业科学院果树研究所用苹果梨为母本、砀山酥梨为父本杂交选育而成，1993年引进安宁市栽培。

(2) 生物学特性

树势幼树较强，结果后中庸，树姿较开张。萌芽率高，发枝力中等。初结果树多以中、长果枝结果，成年树则以短果枝结果为主，间有腋花芽结果习性。花序坐果率高，连续结果能力中等。

(3) 栽培要点

硕丰梨结果习性与砀山梨相似，对冬季低温敏感，需低温量大，要注意授粉树的配置。

(4) 适栽区域及发展建议

适宜云南气候冷凉，春季灌溉方便的地区栽种。

8. **黄冠梨**

(1) 品种来源及分布

黄冠梨是河北省农林科学院石家庄果树研究所于1977年以雪花梨为母本、新世纪为父本杂交培育而成。1993年引进安宁市种植。

(2) 生物学特性

黄冠梨萌芽力强，长势强。以短果枝结果为主，一般情况可抽生两条果台枝，果台枝连续结果能力强。

(3) 栽培要点

黄冠梨枝条直立，需拉枝开张角度，株行距3米×5米，要注意进行疏花疏果，果实套袋栽培，其外观品质更优。授粉树可用冀蜜梨、雪花梨。

(4) 适栽区域及发展建议

黄冠梨果实表面光洁、黄色，在欧美市场上很受欢迎，是我国梨果出口创汇的较好品种。通过引种观察，黄冠梨适宜滇中地区，可在滇中地区发展。

9. **丰水梨**

(1) 品种来源及分布

丰水梨由日本农林水产省果树试验场以菊水为母本、八云为父本杂交后与八云回交选育成。云南于20世纪80年代引进栽培，目前在滇中地区种植较好。

(2) 生物学特性

幼树长势强，萌芽力强，成枝力中等，易成花，一般定植后2~3年开始结果，短果枝结果为主，腋花芽形成能力强，连续结果能力强，较丰产。该品种抗黑星病和黑斑病能力强。

(3) 栽培要点

丰水梨丰产优质，栽培上要选择肥水条件好的地区种植。注意配置授粉品种。株行距3米×4米。

(4) 适栽区域及发展建议

滇中地区肥水条件较好的地区可发展，栽种上可行密植高效套袋栽培。

10. 黄金梨

(1) 品种来源及分布

黄金梨为韩国品种，系以新高为母本、20世纪为父本杂交育成。

(2) 生物学特性

黄金梨幼树极易形成腋花芽。成龄树以短果枝结果为主，该品种早果、丰产，一般定植次二年开始结果，高接树在第二年就有一定的产量，第三年可丰产，连续结果能力特强，花序坐果率高。

(3) 栽培要点

密植栽培，2米×3米株行距，要疏花疏果及果实套袋，授粉品种为黄冠。

(4) 适栽区域及发展建议

滇中地区肥水条件较好可发展该品种，栽种上可行密植高效栽培。

二、云南地方良种

1. 宝珠梨

(1) 品种来源及分布

原产昆明呈贡县，因老树种植于宝珠寺内，故取名宝珠梨，目前，呈贡县、晋宁县、会泽县及昆明近郊的官渡区、西山区种植较多。

(2) 生物学特性

宝珠梨树势强健，生长旺盛，树冠较开张，新枝被茸毛，萌芽力强，成枝力强，以短果枝结果为主。果实近圆形，单果均重

300 克。最大果重 500 克。宝珠梨授粉不良，易发生果实不端正。

(3) 栽培要点

宝珠梨喜较冷凉湿润气候，故宜在海拔 1850 ~ 2400 米、土层深厚、土壤疏松肥沃、灌排良好的地方种植，不喜干旱干燥和高温多湿气候。宝珠梨易感染黑星病。要注意授粉树的配置。

(4) 适栽区域及发展建议

喜较冷凉湿润气候，故宜在海拔高、气候冷凉地方种植。采用小树冠，提升栽培技术水平。

2. 富源黄梨

(1) 品种来源及分布

原产曲靖市富源县殊珠村，当地人称殊珠梨。引种到外地栽培则称富源黄梨，也有的地方称十全十美黄梨。种植较多的地方是楚雄、禄丰、永仁、官渡区、西山区。

(2) 生物学特性

富源黄梨长势强，幼树直立，新梢极性生长旺盛。花期较早。果实皮薄，水分多，肉质细，风味较好。大小年结果明显。

(3) 栽培要点

幼树要注意开张角度，授粉品种配置苍溪梨、金花梨。要防止晚霜危害，不宜种植于高海拔的地区。

(4) 栽植区域及发展建议

富源黄梨适宜云南中海拔地区 1700 ~ 1900 米种植，早期开张角度，采用小树冠整形，实施套袋技术品质较好。

3. 昭通黄梨

(1) 品种来源及分布

原产贵州威宁，云南昭通地区栽培多，又名昭通黄梨，分布于昭通、鲁甸、会泽、曲靖、玉溪。

(2) 生物学特性

萌芽力、成枝力均强。短果枝结果为主，果台连续结果能力强，果实长圆形至长卵圆形，果重250~300克。果皮浅黄褐色，果肉白色微黄，质细汁多，微香，甜酸适度，风味甚浓，耐贮藏，贮后香气更浓。

(3) 栽培要点

昭通黄梨在气候温和，日照充足，昼夜温差大，土层深厚肥沃的条件下栽培，丰产、稳产。

4. 云龙麦地湾梨

(1) 品种来源及分布

原产地不详，1990年大理州云龙县科技局和林业局在旧洲乡麦庄村发掘出的地方良种。目前，分布于云龙、龙陵、剑川等县。

(2) 生物学特性

植株高大，树势强健，萌芽力和成枝力强。果实10月下旬至11月上旬成熟。果实扁圆形，果皮黄色或浅黄褐色，部分果阳面有红晕，无锈斑。果肉黄白色，果实水分含量较多，耐贮性强。

(3) 栽培要点

适宜高海拔地区发展，采用开心形树形。可用提升栽培技术手段提高商品果率。

(4) 栽植区域及发展建议

适合海拔2000米以上区域栽培（上色较好），采用开心形树形，套袋栽培。

5. 巍山红雪梨

原产大理市巍山县，是较耐贮藏的晚熟地方良种。主要分布于巍山县，安宁市、大理市等地有引种栽培。

6. 文山它披梨

(1) 品种来源及分布

产文山县坝心乡，它披村委会，当地人称沙梨。主要分布于文山县坝心乡。

(2) 生物学特性

幼树长势强，萌芽力中等，成枝力强。短果枝结果为主，果实中晚熟，水分较多，品质上，不抗黑星病。

(3) 栽培要点

需光照好，肥水条件好，幼树注意开张角度，结果后疏花疏果，注意防治黑星病。

(4) 栽植区域及发展建议

适宜海拔1600～1800米区域，光照好、肥力高的地方栽培。

7. 阿朵红梨

(1) 品种来源及分布

产永仁县宜就乡阿朵所村，1988由云南农业大学张兴旺发掘出来的中晚熟良种。

(2) 生物学特性

树势强健，丰产，果实近圆形，单果重451克，果皮薄，清秀光滑，色黄绿带红晕，果肉白色，肉质较细，石细胞少，脆嫩化渣，汁多味甜，有微香味，含可溶性固形物13%，品质上，较耐贮运。

8. 依主梨

(1) 品种来源及分布

产兰坪县兔峨乡依主村，1987年由云南农业大学张兴旺发掘出的地方优良品种。

(2) 生物学特性

植株高大，树势强健，树冠较开张，萌芽力和成枝力均强，短果枝结果为主，投产早，定植4年结果，丰产。抗逆性较强。

(3) 栽培要点

喜温凉湿润气候和紫色土壤。适宜的海拔范围为1600～2500米，尤以1900～2300米的地带内表现最佳。

9. 热谷梨

（1）品种来源及分布

产兰坪县兔峨乡，1988年由云南农业大学张兴旺发掘出的地方优良品种。

（2）生物学特性

树势强健，丰产，果大，单果重350~450克。果实近圆形，皮中厚，黄绿色，光滑无锈斑。果肉白色，肉质较细脆，石细胞较少，汁多味甜，半化渣，品质上，耐贮运。10月中旬成熟。耐干热。适应的海拔范围为1300~1800米，最宜在1400~1600米的干热河谷地区大量发展。

三、云南梨树砧木

1. 棠　梨

（1）植物学特征

俗称棠梨刺，广泛野生分布于山地，林间。灌木或乔木，常具枝刺，幼嫩枝条具绵毛，以后脱落。叶片卵形至长卵形，先端渐尖，基部圆形。长4~6厘米，宽1.5~2.5厘米，边缘有圆钝锯齿，花序密被绒毛，7~13朵小花，花直径2~2.5厘米，花梗和萼筒外面均被绒毛，花梗长1.5~2.5厘米，果实近球形，直径1~1.5厘米，褐色，萼片早落。

（2）栽培学特性

棠梨与梨树品种的亲合力强，嫁接梨树，耐干旱，耐瘠薄。

2. 滇　梨

（1）植物学特征

野生于山地，林间，但分布没有棠梨广泛。乔木，小枝幼嫩时被黄色绵毛，老枝紫褐色，皮孔稀疏。叶片卵圆形，先端急尖，边缘具圆钝细锯齿，长6~8厘米，宽3.5~4.5厘米，上面无毛，下面具黄色绵毛，逐渐脱落近于无毛。花序伞形总状，有花5~7朵、被稀疏黄色绵毛，不久脱落，近于无毛；果实近球形，直径约1.5~2.5厘米，滇梨外部形态和棠梨很相似，但棠梨果实及叶片较小。

（2）栽培学特性

从果实的外观来看，滇梨与栽培品种更相似。滇梨与栽培梨品种的亲合力也很强，但是，滇梨没有棠梨分布广，生产上没有得到广泛利用。

3. 杜　梨

云南杜梨一部分是随嫁接苗木引进，另一部分是通过购买种子从省外引进。杜梨与云南栽培梨树品种的亲合力好。嫁接梨后，苗木长势强健，成龄梨树的树冠大小与棠梨砧一致。

第三章　梨树生长发育特性及对环境条件的要求

一、梨树生长发育特性

1. 根

(1) 梨树根系生长规律

梨树属于深根性果树，其根系分布的深浅，分布范围的大小因品种、砧木、土质、地下水位高低的不同而有所差异。梨树的根系垂直深度是树高的1/5。分布的范围则可达冠幅的2倍。

梨树根系的生长与地上部分枝叶的生长是相互制约的关系，其原因与激素、养分的分配有关。一般地上部分生长量大，生长速度最快时，底下部的根系则生长量最小，生长速度最慢，反之亦然。根系开始活动与停止活动则受到土壤温度的影响，土壤温度大于0.5℃时根系开始活动，生长量最大的根系土壤温度是15~20℃，土温高于30℃时，根系停止生长。

梨树根系一年有2~3次明显的根系生长高峰。其中，结果树有两次，分别在枝叶停长期（5月下旬至7月上旬）及果实采后期（9~10月），幼树则有三次生长高峰，第一次是萌芽前，第二次是枝叶生长近停时期，第三次则是在落叶前。

(2) 栽培管理与根系的生长

梨树属于深根性果树，园地宜选择在土层深厚，地下水位低的地方。并采用大塘定植。为了提高梨树的抗旱能力，促进梨树早结果，梨树幼树期注意扩塘施基肥。

根据梨树根系生长规律，幼树进行三次土壤追肥，第一次是萌芽前，第二次是枝叶生长近停期，第三次则是在落叶前。结果树土壤追肥为两次，枝叶停长期（5月下旬~7月上旬）及果实采后期（9～10月）。梨树的根外追肥，幼树时期可一月一次，结果树则在花期及幼果期。

2. 枝

（1）梨树枝条生长规律

与其他果树相比，梨树芽萌发力强，成枝力弱，所以梨树短枝多，长枝少，顶端优势明显，极性生长旺盛，剪口芽，顶芽常发壮枝，易形成开张角度小、层性明显、上强下弱的树冠结构。大部分品种在云南一年只发一次枝条，幼树有时发两次枝条。但梨树枝条停止生长较其他果树早，枝条较硬脆。

根据枝条发生的长度，将梨树枝条分为以下三类：长枝，长度大于15厘米以上的枝条；中枝，长度在5～15厘米间的枝条；短枝，长度小于5厘米的枝条，也称叶丛枝。

（2）栽培管理与枝条的生长

①根据梨树芽萌发力强、成枝力弱的特点，梨树整形修剪上要注意采取春刻芽，夏拉枝。

②梨树的层性明显，易形成上强下弱的树冠结构，所以，整形修剪上一是要注意剪留延长枝，以防造成延长枝的单轴延伸，二是要适时开张主枝的角度。

③根据梨树枝条停止生长较其他果树早，枝条较硬脆的特性，夏季修剪时多采用拉枝、绑枝等技术措施，不宜采用摘心、扭梢、拿枝等技术措施。

④根据梨树主枝开张角度小、层性明显、大枝硬脆的特性，要尽量在秋季开张角度。

3. 叶

（1）梨树叶生长规律

叶是光合作用的场所，梨树有效叶面积的大小，叶转绿时间的早晚，对梨树光能的利用影响较大。据莱阳农学院的研究，梨叶从萌芽到展叶需10天左右，展叶到停止生长，需16～28天。

生长势弱的单株，单叶的生长期短，反之则较长。叶片的面积以长梢最大，中梢次之，短梢最小。果实的发育需要一定的叶面积，沙梨的叶果比为 10～25∶1；白梨为 12～30∶1；西洋梨 30～40∶1。梨树的叶面积指数以 4～6 为宜，叶面积指数低于 3，说明梨树枝叶生长量不够。叶面积指数大于 9，说明梨树无效叶占的比例较大。

（2）栽培管理与叶的生长

①梨树枝条停止生长早，叶面积的大小也在早期决定，要在早期加强肥水管理，注意防治病虫害。

②要造就合理的梨树树形，西洋梨枝叶量可大一些，而沙梨的叶果比小，枝叶可留少些。

③要通过开张主枝角度，增加有效叶数量，提高光能的利用率。

4. 花

（1）梨树花芽的分化

梨树的花芽分化是夏秋分化类型，顶芽分化并发育成顶花芽，侧芽也可发育成腋花芽，有些品种腋花芽的数量大，坐果率高，云南梨树的花芽分化开始于枝条停止生长后，大部分品种 6 月中旬、7 月上旬至 8 月中旬为分化集中期，梨树花芽分化可分为五个时期。据莱阳农学院研究发现今村秋和在梨从开始花芽分化至雌蕊出现的各个分期时间长短不相同。花芽分化始期至花原基出现需 15～25 天，花原基出现至花冠原基出现需 25～45 天，花冠原基出观至雄蕊原基出现的时间较短，只要 7～10 天，雄蕊原基出现 1 周左右即出现雌蕊原基，10 月花器已基本形成，随着气温的降低，树体逐步进入体眠，花芽暂停分化。来年气温升高后又开始分化直至开花前。

（2）梨树的开花

云南春季气温回升早，故大部分品种的开花期较早，其中，金花梨、苍溪雪梨、富源黄梨以及一些本地黄梨开花在2月初，其他品种多在3月初。梨树开花的早晚以及花期的长短受冬春气温、土壤水分的影响较大。昆明地区“暖冬”年份，大部分梨树花期提早，但开花不整齐，花期持续的时间较长。冬季气温低，花期温度高，土壤水分足，则花期整齐。梨树花序为总状花序，通常一个花序有6朵小花，开花次序是由外向内开放，早开的花朵坐果好，果实品质优。晚开的花，花序花朵少，坐果率低，梨果品质差。

(3) 梨树花的授粉受精

梨树的自花授粉结实率低，建立商品梨园，必须注意配置适宜的授粉品种（授粉树的选择及配置见梨园的建立章节）。

(4) 促进梨树花芽形成的技术措施

①采用矮干树形，多刻芽，多拉枝，增加短枝的数量。

②花芽形成的关键时期（6月初）对旺树、壮枝进行环割、环剥控制营养生长，增加养分积累，从而形成花芽。

③幼旺树可在6月喷施多效唑。

(5) 提高梨树开花授粉质量的技术措施

①加强肥水管理促进养分积累，控制挂果量，形成高质量的花芽。

②“暖冬”年份要注意春季的土壤灌溉，促使开花整齐。

③实施果园养蜂，有条件的地方进行人工授粉。

④花期进行保花保果。

5. 果

(1) 梨树坐果特性

梨树自花结实率较低，建园时要配置授粉树。不同品种坐果率差异很大，坐果率高的品种有黄金梨、黄花梨、丰水梨、早酥梨、雪花梨，坐果率中等的是砀山酥梨、昭通黄梨、巍山红雪梨、宝珠梨，坐果率低的是金花梨、苍溪雪梨。坐果率高的品种果小质量差，要进行疏花疏果，坐果率低的金花梨，要配置合理的授粉品种。

梨有3次生理落果时期，有的品种（如金水2号）有较严重的采前落果，由于梨果实较重，果实近成熟期有风害也会造成落果。

（2）梨果实品质的构成

梨果实品质由外观品质（果实的大小、形状、色泽、果实表面光洁度），内在品质（果实糖酸比、果实硬度、果实石细胞量），作为食品还应该是安全无公害等三部分构成。

梨果实品质构成的影响因子有内在的遗传因子（品种的特性），栽培环境因子（光照、空气质量、土壤、灌溉），栽培技术等。

①梨果实外观品质的构成

云南栽培梨中大果形品种是金花梨、苍溪梨，中等果形是宝珠梨、砀山酥梨、雪花梨、富源黄梨、黄金梨、丰水梨，小果形的是早酥梨、翠冠梨。除遗传因子影响梨果实的大小外，重要的栽培措施则是疏果及果实发育期的灌溉，早酥梨是中果形的品种，但在云南坐果率高，加之不疏果，市场上卖的就是小形果。黄金梨是中果形品种，坐果率高，不疏果就便成小果了。

梨果的商品果价格不完全由果实的大小决定，果实大小均匀，内在品质较好的梨果市场价高，栽培上要合理的留果量，大形果每花序留一个果，中小形果每花序留两个果，果实的品质就有较好表现。

梨果实形状受品种特性影响最大，栽培上则受到结果部位授粉充分与否和花粉的直感现象的影响。我们的研究发现，果柄短，不进行疏果则果形差，第二位花坐果果形好，授粉好（果园养蜂）种子发育完全，果肩平齐，果形端正（尤其在宝珠梨上表现明显），花粉的直感影响在梨果实形状上的表现很明显，早酥梨与砀山梨配置，砀山梨果形就很像早酥梨。

梨果实颜色有黄色、绿色、褐色、红色。梨果实颜色受品种特性影响最大，但是，梨果实颜色尤其是红色的发育除了受品种特性影响外，云南梨树同一品种，栽培在海拔高的地区上色较好，对于单株来讲树冠外围的上色好（云龙麦地湾梨），内膛果上色差。挂果量大的上色差。套袋果要注意解袋的时间，否则上色差。

梨果实外观的光洁度受品种、病虫害的影响。黄色梨、褐色梨表皮气孔发达，使其外表粗糙。宝珠梨果实外表粗糙是品种特性。影响云南梨果光洁程度的病害是煤污病、黑星病，虫害则是梨盲蝽、黄粉蚜、梨木虱、康氏粉蚧，生产上采用套袋栽培法能有效地提高梨果表面光洁度。

②梨果实内在品质的构成

梨的酸甜主要由品种决定，昭通黄梨、富源黄梨、砀山酥梨较甜，雪花梨、金花梨、丰水梨、黄金梨中等，火把梨偏酸。栽培技术也影响到一定的酸甜度，园地向阳、土壤沙质、多用有机肥的梨园果实甜，反之，则偏酸。采收提早，套袋栽培的梨果会降低一个百分点的固形物含量。

梨果实的硬度同品种、采收的早晚、水分含量、农药使用有关。梨果肉发泡的原因是因缺水，化肥使用过量，采收偏晚，农药中含有催熟的成分。

梨果实内石细胞的含量与品种有关，砀山酥梨的石细胞含量较高，日韩梨普遍石细胞含量少。

③无公害梨

梨果是一种供人们食用的果品，所以，梨果无公害是一个最为重要的品质指标。无公害梨果的生产由三个重要环节构成：首先，要在空气质量、土壤质量、灌溉水质均达到生产标准的地方建园。其次，要在栽培技术上实施无公害化栽培的技术措施，重点是无公害农药的使用，不能使用高残留、高毒农药，要提倡使用生物农药。再次，就是采后处理的无公害，重点是洗果的无公害，包装的无公害。

二、梨树生长对环境条件的要求

气候因子、土壤因子、地形因子、生物因子是构成梨果生长的生态因子，在这些因子中，气候因子是最重要的生态因子。

1. 梨生长发育的气候条件

（1）温度条件

对梨树生长影响的温度是年均温，打破休眠的低温，生长季的积温，极端低温。

年均温影响梨树的分布，秋子梨需要的年均温最低，其次是白梨，年均温较高的梨是沙梨。

云南引种的梨树种类中，白梨的休眠期低温量要求最高，沙梨要求的低温量较低，但是各品种的差异大，白梨系统中，砀山酥梨要求的低温量最大，而沙梨中，兰坪热谷梨要求的低温量最小。各品种需要的低温时数没有研究报道。

海拔高的地区，冬季低温量能满足打破休眠的需要，但是，生长期的积温不够，梨果不能成熟。绝对低温的影响主要是云南滇中地区的一些海拔较高区域，花期较早的品种会受晚霜的影响，发生“冻花”现象。对温度条件的适应见表3－1。

表 3－1　　梨树生长适宜的温度条件

国家	种类	年均温℃	1月均温℃	7月均温℃	生长季℃（4～10月）	休眠期℃	无霜期（天）	临界温度℃
中国	秋子梨	4～12	5～15	22～26	14.7～18.9	－4.9～－13.3	150以上	－30
	白　梨	10～15	－8～0	23～30	18.～22.2	－2～－3.5	200以上	－20
	西洋梨 沙　梨	15～21.8	0.8	26～30	15.8～26.3	5～17	250～300	－23以上
日本	沙　梨	12～15	—	—	19～20	—	—	－23
	西洋梨	10.3～10.7	1.5～1.6	22.2～23	16.8～17.3	0.9～1.6	—	

（2）光照条件

梨树是需光量较大的果树，光照不好，梨树的枝叶陡长，花芽形成不良。

（3）水分条件

梨的枝叶生长及果实发育需要充足的水分，但水分过多亦影响生长。果实生长的后期雨水过多则味淡，花期降雨，则授粉受精不良，梨是深根性果树，根系生长需要一定的氧气。当土壤空气含氧量低于5%时，根系生长不良，梨树对雨量的要求和耐湿程度因种类品种而异，秋子梨耐湿性差，白梨其次，沙梨耐湿性强，西洋梨原产地是夏干气候，所以也不耐湿，在南方高温多湿地区栽培西洋梨病害严重，枝叶陡长，不易结果。

雨量及湿度对果实外观影响大，在多雨高湿气候下形成的果实，果皮气孔的角质层往往破裂，果点较大，果面粗糙，缺乏该品种固有光洁色泽，实施套袋栽培可有效提高梨果实外观品质。

（4）风、霜对梨树生长发育的影响

梨果实较重，有风害的果园，果实易被风吹落（或者造成果实相互摩擦影响果实外观品质）。另外，有风害的果园，春季开花期，影响蜜蜂的授粉活动，造成授粉不良。所以，梨园不宜建立在有风害的迎风面上。

春季开花早的品种易发生晚霜危害，防止晚霜危害一是选择品种，二是梨园不宜建立在地势低洼、空气流通不良的地方。

2. 梨生长发育的土壤条件

（1）土　质

梨树挂果量大，对土壤肥料需求量大，良好的土肥条件是梨树高产优质的重要基础条件，所以，梨园土壤要疏松透气，沙壤土最好。

（2）土壤的酸碱度

梨树在 pH5 ~8.5 的土壤均可种植，但以 pH5.8 ~7 为最适。

（3）土壤地下水位

梨是深根性果树，故梨园不宜建在水位高的地块，云南部分地方因土壤黏重，降雨后土壤不能及时渗排水，会造成季节性地下水位高的现象。

3. 梨生长发育的地势条件

影响梨树生长的地势因子是坡度、坡向、海拔，梨树宜在缓坡地种植，坡度太大，要修筑等高梯田或鱼鳞台，坡向则是坐北向南的南向坡最好，其次是东向或西向，梨园不宜在北向坡。云南大部分的梨树品种在中海拔（1700 ~1900 米）的滇中地区种植。在低海拔及高海拔种植要考虑品种的选择。

4. 优质梨生产的生物条件

对梨树影响较大的生物因子是传粉昆虫。梨树的传粉昆虫是蜜蜂、壁蜂，调查发现，果园养蜂或蜜蜂活动频繁的果园，梨果的畸形果少，品种优。

第四章 优质梨树种苗的繁殖

一、砧木种子的采集、保存及处理

1. 梨树砧木种子的采集

适宜云南梨树嫁接的砧木是棠梨、滇梨、杜梨。其中，棠梨是云南本地的野生资源，取种容易，是云南最为常见的砧木。滇梨的野生量较少，没有采用滇梨作砧木进行规模繁殖的。杜梨不是云南本地资源，繁殖均需从外地调种。

云南棠梨充分成熟是在 10 月（果肉黑色，种皮褐色）。采集果实充分成熟的棠梨果实，堆腐使其果肉腐烂，用细孔筛淘洗出种子，室内晾干。

2. 云南梨树砧木种子的保存

种子晾干后，用通气良好的袋子装后保存在室内通风、阳光不直接照射的地方。

3. 砧木种子的处理

棠梨种子要经过 70 天左右的层积处理后，方可播种。种子量大，可在室外阳光不能照射的地方挖一个深度 80 厘米的坑，底部垫一层 30 厘米厚的湿沙，然后用湿沙与种子拌匀后堆埋坑中。湿沙的湿度是田间持水量的 60%。即用手捏沙成团，但指缝不流水，抛起落在地上即散开。层积期间注意检查湿度，沙子太干或太湿均影响出苗。待种子露白，即可将种子和沙一起播种。

二、梨树良种接穗的采集、保存及运输

1. 接穗的采集

根据种植发展的要求，可结合冬季修剪，剪取树冠外围不带

病虫的一年生枝，以100条或50条一捆，标注品种名称后备用。

2. 接穗的保存

接穗的保存不能让其失水皱皮或发霉，只要接穗不皱皮、不发霉、不发芽，嫁接后均能成活。若需保存的时间较长则可将接穗放于层积坑中，接穗较少或保存时间短则可用薄膜包扎后保存于冰箱冷藏室或室内。

3. 接穗的运输

运距短，运输途中所花时间少，可用薄膜包裹后运输。运距长，可在薄膜内加一些湿的稻草保湿运输。

三、苗木的嫁接

1. 嫁接的时期

云南梨树的嫁接时间为立春前后一星期。此时嫁接成活率高，接后生长快。在温度高一些的地方，当年的苗木能长到1.5米高。

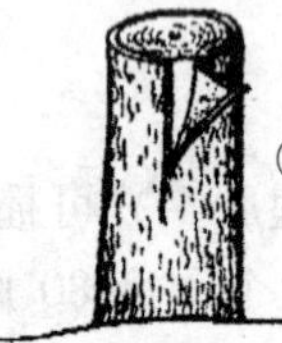

①开砧木

剪断或锯断砧干，削平锯口，由上向下垂直划一刀，深达木质部，长约1.5cm，顺刀口用刀尖向左右挑开皮层。如接穗太粗，不易插入，也可在砧木上切一个3cm左右上宽下窄的三角形切口

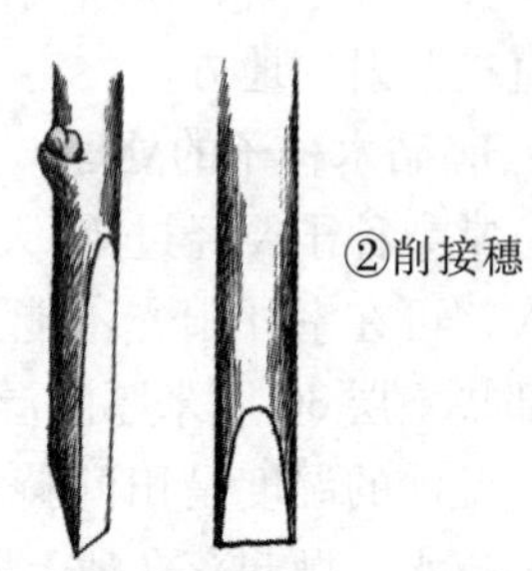

②削接穗

将接穗侧削成一个大削面(开始先向下切，并超过中心髓部，然后斜削)，长6~8cm；其另一侧的削法有两种：一种是在两侧轻轻削去皮层（从大削面背面往下0.5~1cm处往下的皮全部切除，露出木质部）

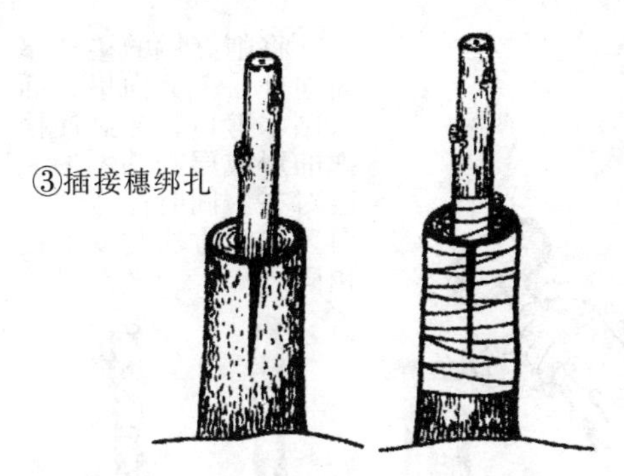

前一种削法在插接穗时要在砧木上纵切，深达木质部，将接穗顺刀口插入，接穗内侧露白 0.7cm 左右；后一种削法在插接穗时不需纵切砧木，直接将接穗的木质部插入砧木的皮层与木质部之间，使二者的皮部相接，然后用塑料布包扎好

图 4－1　梨树插皮接示意图

2. 嫁接的技术方法

梨树的嫁接方法很多，但由于梨树的皮厚，一年生枝条粗壮，所以，梨树最为常见的嫁接方法是劈接、插皮接。劈接用在苗圃地或大树上均可，插皮接用在大树上，虽然成活率高，但接口不牢固，容易被风吹断，要绑缚支架。插皮接用在大树补枝上成活率高，效果好。

3. 嫁接苗的管理

(1) 检查成活及时补接

苗木嫁接后两周即可检查成活，皮皱缩失水干枯，则不成活，要补接。

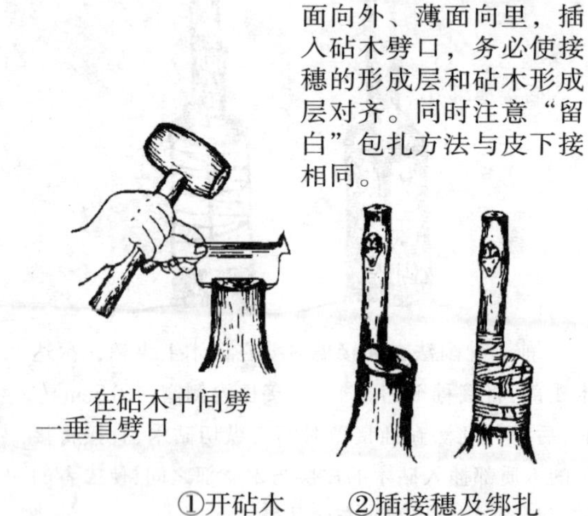

图 4－2　梨树劈接示意图

（2）除萌抹砧

接穗嫁接成活后要及时抹除砧木上萌发的萌蘖，以便集中养分，促进接穗生长，除萌抹砧要进行多次。

（3）解除薄膜

当接穗芽长到 40 厘米以上时，可用刀划破捆扎部位，薄膜不必解除，防止伤口水分蒸发及病菌感染。

（4）防治病虫及施肥水

危害梨树的虫害是蚜虫，病害主要是黑星病，锈病。蚜虫可用 2000 倍的抗蚜威或 2000 倍的灭扫利，黑星病或锈病可用 800 倍的代森锰锌。

苗木成活后可在叶片上喷布 0.3% 的尿素水溶液，土壤上追施尿素或粪水，促进苗木的生长。

4. 嫁接苗的出圃、包装及运输

(1) 优质梨苗的标准

苗木是梨树高产优质的基础，优质梨树苗木要有一定的高度和粗度，芽饱满，根系发达，品种及砧木纯正，接口愈合良好，不带病虫。

表 4－1　梨树苗木质量规格

项目	规格	质量标准
根系	主侧根数目及长度	主侧根长度 15 厘米以上，有两个以上的侧根，分布均匀，舒张不弯曲。
苗干	高度和粗度	高度至少 80 厘米，距嫁接口 10 厘米部位的直径不小于 0.8 厘米
芽	整形带内饱满芽数	6 个以上饱满芽
嫁接口	愈合程度	完全愈合
砧木	处理状况	接口完全愈合

(2) 苗木的出圃、包装及运输

取苗前 1～2 天浇透水，挖苗时尽量少伤根系，取苗后用石灰水或 1500 倍甲基托布津浸根消毒。按甲乙丙分级标准分级苗木，以 50 株或 100 株进行打捆和包装并挂上写有品种名称、级别和数量的标签。用湿稻草或湿草席包裹根部后，放在阴凉处，运输途中要做透风和保湿。取苗后如不能及时运走或运到目的地后不能及时栽植，就要进行假植。

第五章　优质高效梨园的建立

一、高效优质梨园的选择及评价

1. 山地梨园的选择及评价

山地通风透光好，梨园病虫害少，梨果品质优，有水源的地方，可实现自流灌溉，排水方便，不发生涝害。但是，山地土层浅，土壤瘠薄，易发生水土流失，缺乏灌溉条件的地方，梨园的缺水现象严重。另外，山地梨园建立防风林的效果差，若有风害，则防风困难。其次，山地梨园的地形起伏大，进行设施栽培困难，果园管理也不方便。

山地梨园要充分发挥光照好，病虫害少，果品品质优的自然优势，因地制宜，选择背风向阳、土层相对较厚、靠近水源的地方建立园地，坡度较大的山地梨园要注意完善水土保持工程。

2. 平地梨园的选择及评价

平地梨园的土层深厚，土壤肥力高，梨树年生长量大。地形起伏不大，果园整齐一致，管理方便，可实现设施栽培。但是，平地梨园通风透光相对较差，果园的病虫害严重，梨树的寿命短，水位高的梨园易发生涝害。

平地梨园要选择地下水位低，土壤透水好的地方建立园地，要充分利用梨树长势好的特点，采用较高密度种植，实现早结丰产，缩短生产周期，提高效益。

二、梨园的规划设计

1. 梨园的土地规划

（1）梨园小区的规划

①小区的大小。

山地梨园地形起伏大，光照，土壤肥力均不一致，所以，要根据地形情况设计小区，面积不宜大，要方便管理，一般以15～30亩为宜。

平地梨园的土壤肥力、光照条件一致，管理容易统一，所以，小区可大一些，一般面积为100～200亩。

②梨园小区的形状。

为方便管理，梨园的小区形状一般采用长方形，长宽比为2∶1或5∶1，但山地和平地梨园有一定的差别。山地梨园种植要沿等高线方向，所以，小区的长边与等高线平行。平地梨园要考虑防风及园地作业的方便，小区的长边与有害风方向垂直。

（2）梨园道路系统的规划设计

良好而合理的梨园道路系统，是梨园的重要设施，是现代化梨园的重要标志。大、中型梨园的道路系统由主路、支路和小路组成。主路要求位置适中，贯穿梨园，通常设置在栽植大区之间，主、副林带一侧。路面宽度以能并行两辆卡车为限，约6～8米。山地梨园的主路可以环山而上或呈“之”字形，纵向路面坡度不宜过大，以卡车能安全上下行驶为度。支路常设置在大区之内，小区之间，与主路垂直，宽4～6米左右，以并行两台动力作业机械为度。山地果园的支路可沿坡修筑。小区内或环绕果园可根据需要设置小路。小路面宽1～3米，以人行为主或能通过大型机动喷雾器。山地果园的小路可根据需要顺坡修筑，多修在分水线上，如修在集水线上，路基易被集流冲垮。

小型果园为减少非生产占地，可不设主路与小路，只设支路即可。

（3）梨园辅助设施的规划设计

梨园经营时间较长，需要规划和建造必要的管理用房与生产用房。果园辅助建筑物包括工具室、肥料农药库、包装场、配药场、果品贮藏库、加工厂、职工宿舍及休息室等。包装场、配药场、果品贮藏库及加工厂等，均应设在交通方便和有利作业的地方，在2~3个小区的中间。在靠近干路和支路处设立休息室及工具库。畜牧场与配药场应设在较高的部位，以便肥料（特别是体积大的有机肥料）自上而下运输、或者沿固定的沟渠自流灌施，包装场、果品贮藏库等应设在较低的位置。

2. 梨园的防护林规划设计

防护林可改善梨园小气候环境，防止不良气候对梨树的危害，增加梨园蜜蜂的活动，提高梨园的授粉质量。山地梨园防风林效果差，平地梨园防风林的必要性较大。

(1) 防护林的类型

①紧密型防护林（也称主林带）。

由数行或多行高大乔木、中等乔木及灌木树种组成。结构紧密，气流不易从林带间通过，迫使气流上升，气流越过林带顶部后迅速下降，很快恢复原来风速。这种防护林防护效果好但防护距离较短。所以紧密型防护林一般用在主风方向，在山谷及坡地的上部设置紧密型防护林，可以阻挡冷空气下沉；而在下部则宜设置稀疏透风林带，以利于冷空气的排除，防止霜冻危害。

②疏透型防护林（也称副林带）。

疏透型防护林只有一行树，上部树冠防风，下部能透风。所以，疏透型结构林带内可通过一部分气流，使从正面来的风大部分沿林带向上超越林带而过，小部分气流穿过林带形成许多环流进入果园而使风速降低。林带对来自正面的气流阻力较小，且部分气流从林带穿过，使上下部的气压差较小，大风越过林带后，风速逐渐恢复。疏透风林带较紧密不透风林带防护林范围大。据测定，疏透风林带向风面保护范围约为林带高的5倍，背风面约为林带高的25~35倍。但以距林带高10~15倍的地带效果最好，目前，各国均趋向于营造疏透型防护林带。

(2) 防护林树种的选择

①防护林树种要具备的条件。

a. 适应当地环境条件能力强，抗逆性强。

b. 生长迅速，枝叶繁茂，常绿树种。

c. 根系发达，根蘖发生少，对果树抑制作用小。

d. 与果树无共同病虫害，且不是果树病虫害的中间寄主。

②云南常用的防护林树种

乔木：柳杉、桉树、樟树、喜树

灌木：刺槐、花椒、棠梨、枳壳、杨梅

(3) 防护林的营造

①防护林的配置。

防护林要因地制宜，因害设防，要实施山、水、林、园、路综合治理的方针。

具体配置时，主林带要求与当地有害风（主风）方向垂直，若因地势影响主林带与有害风方向不能垂直时，林带与有害风方向的偏角不超过20°。为增强防风效果，宜在主林带的垂直方向设副林带，形成防护林网。山地梨园地形复杂，在防护林的配置上，要求迎风面林带密，背风面稀，山谷地果园的谷底用疏透型林带，以便冷空气排除。

②林带间距离。

林带的距离与风害的大小及地形有关，风害大，地形起伏大的地方，林带间距小，反之，则林带间距大。一般设置的主林带间距是300~400米，副林带间距为500~800米。

③防护林的种植。

种植防护林宜在果树栽植前2年进行。防护林的株行距可根据树种及立地条件而定，乔木树种株行距1~1.5米×2~2.5米。灌木类树种株行距为1米×1米。

林带内部提倡乔灌混交或针阔混交方式。双行以上者采取行间混交，单行可采用行内株间混交。有条件的也可采用常绿树种与落叶树种混交方式。

建立果园防护林要防止林带对果树遮荫及向果园串根，要特别注意与末行果树间距，果园南部的林带要求距末行树不少于20～30米，果园北面的林带不少于15～20米。在此间隔距离内可设置道路或水利渠道，以经济利用土地。

3. 梨园灌溉系统的规划设计

梨园的灌溉可分为地面灌溉、喷灌、滴灌三种方式，在梨园的设计中，要贯彻因地制宜，实用实效的方针，尤其要注意协调好节水与投资效益的关系。

（1）地面灌溉系统的设计

地面灌溉系统的设计包括两部分：

①蓄水。

主要是修建小型水库或水坝，库址宜选在溪流不断的山谷或三面环山、集流面积大的凹地。要求地质状况较为稳定，岩石无裂缝，无渗漏的地方。水库的堤坝宜选址在葫芦口处，这样坝身短，容量大，坝牢固，投资少。母岩为石灰岩的地区，常有阴河溶洞，渗漏现象严重，不能选作库址。为了进行果园自流灌溉，水库位置应高于果园，从河中引水灌溉果园。在果园高于河面的情况下，可进行扬水式取水。抽水机的功率按提水的扬程与管径大小计算。果园建立在河岸附近，可在河流上游较高的地方，修筑分洪引水渠道，进行自流式取水，保证果园自流灌溉的需要。

②灌溉渠道。

果园地面灌溉渠道，包括干渠、支渠和毛渠（园内灌水沟）三级。干渠将水引到果园并纵贯全园。支渠将水从干渠引到果园小区。毛渠则将支渠中的水引到行间及株间。灌溉渠道的规划设计，应考虑果园地形条件，水源位置高低，并与道路、防护林、排水系统相结合。设计应注意以下原则；

一是位置要高，便于控制最大的自流灌溉面积；二是要与道路系统和小区形式相结合，支渠与小区短边走向一致，而灌水沟则应与长边一致；三是输水的干渠要短，既可减少修筑费用，也可减少水分流失；四是为了减少干渠的渗漏损失，增强其牢固性，最好用混凝土或石材修筑渠道；五是渠道应有纵向比降，以减少冲刷和淤泥。

（2）滴灌的设计

滴灌是近年来发展起来的机械化与自动化的先进灌溉技术，是以水滴或细小水流缓慢地施于植物根域的灌水方法。

①滴灌的优点。

节约用水：澳大利亚等国试验证明，滴灌比喷灌省水一半左右。

节约劳力：滴灌系统可以全部自动化，将劳动力减少至最低限度。

滴灌系统还适用于丘陵地和山地，有利于果树生长结果：滴灌能经常地对根域土壤供水，均匀地维持土壤湿润，不过分潮湿或过分干燥。同时可保持根系土壤通气良好。如滴灌结合施肥，则更能不断供给根系养分，因此，滴灌可为果树创造最适宜的土壤水分。

②滴灌的缺点。

需要的管材多，投资大，管道和滴头容易堵塞，要求良好的过滤设备。滴灌不能调节果园小气候。滴灌的时间、次数及用水量，因气候、土壤、树种、树龄而异。如以达到浸润根系所分布的土层为目的，特别是深层土，可以每天进行滴灌，也可以隔几天进行一次滴灌。

（3）喷灌设计

喷灌基本不产生深层渗漏和地表径流，可节约用水 20% 以上，对渗漏性强，保水性差的沙土，可节水 70% ~80%。

①喷灌的优点。

减少对土壤结构的破坏，可保持原有土壤疏松状态；

调节果园的小气候，减小低温、高温、霜冻对果园的危害；

节省劳力，工作效率高，便于田间机械作业；

对平整土地要求不高，地形复杂山地亦可采用。

②喷灌的缺点。

可能加重某些果树感染真菌病害；在有风的情况下，喷灌难做到灌水均匀，并增加水量损失。喷灌设备价格高，增加果园的投入。

（4）梨园的排水系统设计

梨树根系发达，种植于平地的梨树，面临着地下水位高的问题，夏季梨园尤其是土壤黏重的梨园，排水不畅造成梨树的病虫害严重，经济结果寿命缩短。

梨园的排水主要有两种：明沟排水，暗沟排水。

①明沟排水。

明沟排水是在梨园内每隔 50 米，按一定的比降，开挖集水沟，在梨园边缘开挖排水支沟与之相连，最后与排水干沟相连。明沟排水施工容易，成本低，易于在农村推广，但明沟排水会影响梨园内的机械化操作和管理，需每年清除淤泥和杂草，管理困难。

②暗沟排水。

暗沟排水是在地下埋置管道或其他填充材料，将梨园水排除。暗沟排水投资大，农村推广困难，但暗沟排水不影响梨园地表的管理工作。

4. 梨园水土保持系统的规划设计

云南梨园建立在山地的较多。山地建立梨园，由于人为垦殖，造成了土壤松散，降雨后极易发生水土流失。梨园的头几年，因树小，需肥量小，梨树的开花结果正常，但是，随着产量的提高，需肥量的增大，梨树的生长结果就会受到很大的影响。所以，有人把水保措施的有无认为是山地梨园成败的关键。山地梨园的水保措施主要是修筑等高梯田和鱼鳞坑。

(1) 梨园的等高梯田

等高梯田是山地水土保持的最有效措施，一般在坡度在10°~20°修筑等高梯田较好，等高梯田由阶面、梯壁、边沟三部分构成。

①阶面的设计。

梨园等高梯田的阶面宽为3~5米，以外高内低的内斜式较好，若选用斜壁式梯田，则阶面的宽度可小于冠幅的宽度。

②梯壁的设计。

山地梨园梯壁易坍塌，用斜壁式最好。

③背沟。

梯田的背沟用于排水和沉积泥沙。

④鱼鳞坑。

坡度大于20°或破碎的沟坡上，不便修筑梯田，可以修筑鱼鳞坑。鱼鳞坑可按品字形布置，挖成外高内低的半圆形土坑，坑的下沿（或外沿）修筑半圆形的土埂，埂高30厘米左右。坑的左右角上各开小沟，以便引蓄径流。根据栽植果树的需要，要求坑长1.6米左右，宽1米，深0.7米，坑距根据定植密度要求而定。梨树栽在坑的内侧。为了将鱼鳞坑逐步改造成等高梯田，横向鱼鳞坑宜尽可能按等高线设置。在较长的陡坡上修筑鱼鳞坑，每80~100米坡距，必须修筑拦山堰，以拦截山洪，防止冲刷。

三、梨树良种选择及品种的配置

1. 良种选择

到目前为止，云南引进及选育的梨树的良种多达100余个，但我们选择梨树良种时一定要依据下列两个条件：一是品种要适应当地的气候、土壤条件，在当地能表现优质、丰产。二是所选的品种要有市场。两个条件缺一不可。品种的引进栽培要进行品种的引种栽培试验，尤其是从外地大量引进品种时，除进行试验外，最好进行品种的中试后，再进行推广。适宜云南栽培的品种如下表：

表 5－1　　适宜云南栽培的梨树品种

海拔高度(米)	年均温(℃)	年降雨量(毫米)	早熟	中熟	晚熟
1300～1600	16.2～18.2	600～800		文山它披梨	兰坪热谷梨
1600～2000	14～16.2	80～1000	早酥梨 黄冠 早魁翠冠 龙泉 37 号 新世纪 湘南梨 早黄 西子绿	雪花梨　冀蜜 硕丰　华梨一号 雪青　丰水 黄花梨　富源黄梨 金花梨	
1800～2200	11.5～15	900～1100	早酥黄冠 早魁翠冠 龙泉 37 号 新世纪 早美酥 华酥	宝珠梨　冀蜜 硕丰　华梨一号 雪青　丰水 雪花　黄花梨 富源黄梨 金花梨	永仁阿朵红 云龙麦地湾 黄梨
1800～2500	10～15	900～1200		金花梨 富源黄梨 宝珠梨	依主梨 麦地湾梨 漾濞秤砣梨 巍山红雪梨

2. **品种配置**

品种的配置要注意良种的区域化和规模化。在同一梨园内，栽植品种数量不宜过多，面积为 100 亩的果园，主栽品种宜栽植

3～4个品种。为了使将来成园后，园貌整齐一致，便于采用相同的管理方法，在同一园片内，应注意选择相同的砧木。

（1）品种搭配

根据市场需求要进行早、中、晚熟品种的合理搭配，近城区可多栽植成熟期较早不耐贮运的品种。远离城市的地区，则应多栽植耐贮运、货架期长的晚熟品种以便同时或先后相继进行采收，管理起来也较为方便。

（2）授粉品种的配置

梨自花结实率很低，建园栽树时，必须选择两个以上品种相互搭配，以利于授粉。良好的授粉树应具备的条件是：

与主栽品种的开始结果年龄基本一致；经济寿命长，大小年结果现象不明显。花粉量大，能与主栽品种相互授粉，结实良好，果实品质好，商品价值高。

授粉树配置的方式有三种：

①中心式。

小型果园，1株授粉树栽植8株主栽品种树。该方式常用于授粉品种经济价值低的梨园。中心式配置授粉树不方便管理。

②隔行式。

3～4行主栽品种树，栽一行授粉品种树。授粉好，管理方便。

③等量式。

品种间不分主次，品种栽植2～3行后，另一品种树也栽3行，以利于田间管理。两种树的株数一致。

四、梨树的定植

1. 定植时期

梨树属落叶果树，休眠期栽种成活率最高，云南秋季土壤潮湿，空气的湿度大，水分蒸发量小，此时，正值梨树根系发生的高峰期，梨树定植后，成活率高，生长快，尤其在缺水地区秋季定植，配合薄膜覆盖，是提高梨树成活的较为有效的技术，春季有水分保证的地方也可进行春季定植。

2. 梨树定植方法

合理的梨树定植密度是确保梨园优质高效的基础，梨树株行距的确定有以下依据：

(1) 株行距因土壤肥力的不同而不同

平地土壤肥力高，梨树的年生长量大，栽植的密度要小，株行距一般为 4 米 ×5 米。山地土层浅，土壤肥力低，梨树的年生长量小，加之，上下两行互不影响光照，故山地梨树栽种的密度可大，株行距一般为 3 米 ×4 米。

(2) 株行距因树形不同而不同

梨树是干性强的果树，传统的梨树树形是有中心干的多主枝分层形和疏散分层延迟开心形，这种树形前期密度可大，挂果后密度要小。为方便管理，提高梨果外观品质，使梨树早结果。梨树的树形用开心形，株行距为 4 米 ×6 米，“Y”字形株行距一般为 3 米 ×5 米，篱壁形株行距一般为 2 米 ×4 米，小冠疏层形株行距一般为 2 米 ×4 米。

(3) 株行距因砧木不同而不同

棠梨、滇梨、杜梨作砧木，梨树长势强，树体高大，株行距要大，用矮化砧木，株行距要小。

3. 梨树合理密植

降低梨树树体高度，促进梨树早结丰产，方便疏花疏果、果实套袋，提高优质果比例是当前云南梨树栽培上要解决的重要问题。解决好这个问题的关键就要求有合理的栽植密度及合理的梨树树形。

4. 提高梨树定植成活率的措施

云南的山区缺水现象严重，提高梨树定植成活就是发展梨树的关键，主要技术措施有：

①确保苗木质量。苗木根系要发达，尤其是棠梨作砧木的要有侧根。

②苗木的运输途中或定植前要保湿，防止梨苗失水皱皮。

③选择最佳定植时期。

④浇透定根水，要注意覆膜保水。

5. 梨树栽后第一年的管理

（1）检查成活及时补植

春季梨树萌芽后，检查成活情况，若发现有死树，要利用上一年假植的苗木，进行补植，补植时注意不要把主栽品种与授粉品种打乱，要按照当初设计的授粉树配置方案补植。

（2）注意防止病虫危害

新植梨树主要的病害是黑星病、锈病，若春季雨水来得早，就要及早喷药防治，一般用代森锰锌即可。虫害是蚜虫、金龟子、梨星毛虫幼虫，发现蚜虫、梨星毛虫幼虫后，及时喷药即可防治，金龟子则要根据其发生规律提早预防，重点在第一场透雨后即在树盘撒药，树叶喷药防治。

（3）控制杂草合理间作

新植梨树，园地行间距大，杂草生长快，与梨树的肥水争夺现象严重，要注意控制杂草的生长，不进行间作的梨树行间可用除草剂喷洒。若要进行间作则要注意选择好间作物及间作时间。为了改良土壤，增加土壤有机质含量，可在第一场下透雨后播种绿肥，待10月绿肥近开花时，刈割后填埋于树盘内。

（4）整形修剪

大部分梨树品种萌芽力强，成枝力弱，枝条夹角小，为培养较好的树冠，春季要多刻芽，夏季要拉枝开张角度。幼树要轻修剪，多留枝。

（5）勤施肥水，提苗长树

梨树成活后即可施肥灌水，土壤追肥与叶面追肥可同时进行，施肥与灌水结合进行。

第六章　梨园的土肥水管理

一、梨园的土壤管理

土壤是梨树根系生长、养分吸收、养分合成的重要场所，梨树是多年生的果树，从定植到完成生命周期，少则10来年，多则几十年。所以，创造良好的梨树根系生长环境，是梨树获得高产优质的重要基础，土壤管理的主要内容就是为梨树的根系创造一个良好的水、热、气环境条件。

1. 梨园土壤的改良

土壤是梨果生长的基础，云南干湿季分明，山地梨园大都种植在黄红壤上，土层浅，土壤养分低，雨季水土流失严重，平地梨园土壤黏重，季节性地下水位高，造成梨园投产晚，产量低，梨果个小，有效结果寿命短。所以，在梨树定植前以及幼树期做好土壤的改良工作就很重要。

（1）定植前的土壤改良工作

①放炮改土。

针对山地土层浅的实际，梨树定植前，要通过放炮改土的方式改良定植坑土壤，具体做法是；用长1米钢钎斜打一个深70厘米的洞，放入200克炸药，装上雷管，引爆炸松土壤。放炮改土成本低，改土效果好。

②机械开挖定植穴。

平地或挖掘机可以到达的地方，用挖机开挖定植穴，定植穴大，上下土壤得到交换，能在定植小前改良土壤，该方法成本低，效果好。

（2）定植后的土壤改良

①深翻扩穴。

梨树定植后的1~5年，在梨树株行间有空隙的地方进行土壤的深翻熟化，深翻可诱导根系向更深、更广方向延伸。深翻一般在秋季结合施有机肥进行，小树采用扩穴深翻，密植栽培的采用隔行深翻方式。可用放炮、机械开挖方式，深度80厘米。

②客土换土。

部分梨园或地块若土壤黏重，可实施换土方式改良土壤。

(3) 梨园土壤管理制度的建立

建立良好的土壤管理制度，是确保梨园高产优质高效的重要条件。梨园土壤管理制度的建立要以梨树年生长及生命周期的生物学特点为依据，结合梨园杂草控制、病虫防治、水肥利用以及经营方式的不同而不同。要本着因地制宜、实用实效的原则进行。

2. 幼龄梨园的土壤管理制度

幼龄梨树，行间空隙大，阳光充足，杂草极易生长。加之梨树小，受到间作物对肥水争夺的影响较大。所以，控制杂草促进梨树的生长就是幼龄梨园的土壤管理的重要内容。其管理制度是：一是进行树盘清耕，二是行间覆盖。

树盘清耕是随时耕除杂草，保持树盘没有杂草状态。行间覆盖有三种方法：一是死物覆盖；即直接用稻草或植物秸秆覆盖于行间树盘。二是自然生草覆盖；三是间作覆盖即通过间作有益植物，控制杂草的生长。间作物的选择及间作方式很重要，要求间作物一不是高秆作物，二不是缠绕作物，三要求间作物的生育期与果树的生育期不重合，梨园最好的间作物是蔬菜类，豆科作物，矮秆药用植物。不管采用任何间作方式，间作物都不能间作在树盘上。若用自然生草覆盖，则要配合除草剂的使用。死物覆盖则在树干部位不能覆盖，否则易发生鼠害。

3. 成年梨园土壤管理制度

成年梨树的行间空间小，土壤的管理制度有：土壤的覆盖制度，土壤的免耕制度。覆盖制度可用植物的秸秆覆盖在梨园树盘上，该方法在山地梨园上对梨树的保水效果较好。免耕制度是保持梨园土壤结构的不变，用除草剂控制杂草的生长。该方法不破坏土壤的自然结构，对保持梨园水土效果较好。

二、梨园的施肥

肥料是梨树高产优质的基础，幼年梨树的施肥目的是促进梨树快长树，早成形，早结果。梨树挂果后的施肥则是调整梨树营养生长与生殖生长的关系，提高产量，稳定产量，改善品质。

1. 梨树需肥特点

①不同梨树品种对肥料的需求不同，日本梨比中国梨需肥量大。

②南方降雨量大，肥分的流失量大，施肥量要大。

③梨树生长发育需要的营养元素是氮、磷、钾、钙、镁、铁、铜、锌、锰、硼、硫、钼等12种。其中，氮、磷、钾是大量元素，钙、镁、硫是中量元素，其他是微量元素。

2. 梨树肥料种类

（1）有机肥

有机肥俗称农家肥，是一类以堆肥、厩肥、沤肥、绿肥、作物秸秆及人粪尿、鸡粪等为主的肥料，有机肥的肥效期长，能够源源不断地长期供给树体所需的氮、磷、钾等大量元素，亦可补充锌、钙、硼等微量元素，有机肥常用作梨园的基肥，是梨园的主要施肥种类。

（2）无机肥

无机肥称化学肥料，是用化学方法或物理方法生产的肥料，包括氮肥、磷肥、钾肥等，无机肥的肥效期短，但肥分释放快，在梨树的开花期，果实生长期能迅速提供肥分，常用作追肥。

（3）微生物肥

微生物肥料是指一类通过微生物制剂和微生物处理等方法获得的肥料，如固氮菌肥、磷细菌肥、硅酸盐细菌肥、复合微生物肥等。微生物肥料可改善土壤结构，因不含化学物质，对环境无污染，能生产无公害梨。

3. 施肥时间

（1）基肥施用时间

以梨果采后的9～10月，结合深翻梨园进行效果最好。此期施肥一是此时土壤湿润，土温较高，微生物活动旺盛，肥料易腐烂分解，树体能及时得到养分补充；二是根系正值第二次或第三次生长高峰期，伤根易愈合，恢复生长快，吸肥能力强；三是此时地上部生长缓慢，养分易积累。施基肥结合深翻，既可加速土壤熟化，改善土壤团粒结构和理化性状，增强土壤保水保肥能力，又可提高树体营养物质积累和细胞液浓度，促使花芽饱满，翌年开花整齐，坐果率高，短枝叶片健壮，长枝基部叶片肥大。这样，就为梨树的正常生长发育和丰产稳产奠定了坚实基础。施肥过早，雨水大而多，肥分易淋洗流失，且地上部生长旺盛，易使枝叶贪青恋长，不利于树体积累养料。过迟，土中水分不足，土温低，微生物活动弱，肥料不易腐烂分解，且根系已停长，伤口难愈合，肥料不能及时吸收。有机肥连年施入好于隔年施入。早秋施基肥，配合一定数量的速效性化肥，比单一施有机肥效果更好。如果有机肥充足时，可将化肥全年用量的1/3～1/2与有机肥配合施入，而有机肥不足时，则应将化肥全年用量的2/3作基肥施入。

（2）追肥施用时间

追肥是在梨树需要肥分时能迅速补充，从而满足梨树生长发育的需要。追肥应根据梨树树龄、树体状况、栽培管理制度、外界环境条件、梨树一年中各物候期的需肥特点等情况及时施用，才能达到追肥的目的。幼树期的追肥，是以促进营养生长，加速扩大树冠为主要目的，一般多在萌芽期和新梢旺盛生长期进行追肥，且以氮肥为主。有条件的地方，1 月追肥 1 次，6 月以前追施尿素即可，6 月后为促进枝条成熟，要以磷钾肥为主。结果期树一年内追肥 4 次左右。

①花前肥。

以施氮肥为主，因树体萌芽、开花、展叶、新梢生长等所消耗的营养成分，大部分为树体自身贮存的营养，如得不到及时补充，不仅会影响新梢的正常生长还会导致严重落花而降低产量。此时追肥，对树势较弱的盛果期大树尤为重要。而对幼旺树，可省去此次施肥。

②花后肥。

该期施肥仍以氮素肥料为主。此时正值幼果形成并迅速膨大、新梢旺盛生长、叶幕形成时期，树体需要氮素较多。如不及时补充，则影响叶片生长，降低光合作用，使坐果率下降，幼果发育迟缓。

③果实膨大期。

应以全效性复合肥为主，此时追肥，对提高产量，促进花芽分化具有一定的作用，但氮素不宜过多，尤其是结果量少的幼旺树，高氮容易使新梢陡长，造成树冠郁闭，影响花芽形成和树体积累营养。

④果实发育后期。

此时施肥应以磷、钾肥为主。此次施肥，可为提高果实产量和品质、增强果实耐贮性奠定良好基础。对成熟期晚的梨树品种，可在采前施用，早熟品种则在采后施用。

（3）梨树施肥量

梨树施肥量确定的方法：

①平衡施肥（养分平衡法配方施肥）。

养分平衡法是国内外配方施肥中最基本和最重要的方法。此法根据农作物需肥量与土壤供肥量之差来计算实现目标产量（或计划产量）的施肥量，由农作物目标产量、农作物需肥量、土壤供肥量、肥料利用率和肥料中有效养分含量等五大参数构成平衡法计量施肥公式。

②经验施肥。

根据施肥经验确定施肥量。

基肥的施用量：有机肥的施用量，幼树每亩施 1500 千克，结果树按每生产 1 千克果施 1.5～2 千克优质农家肥计算。由于有机肥的肥分变化较大，所以，施用量要随肥料种类的不同而不同。

表 6－1　果园常用有机肥有效成分（%）

种类	有机质	氮	磷	钾
大豆饼	78.4	7	1.32	2.13
花生饼	85.6	6.4	1.25	1.5
芝麻饼	87.1	5.8	3	1.3
葵花籽饼	87.4	4.76	1.44	1.32
菜籽饼	83	4.6	2.48	1.4
棉籽饼	82.2	3.8	1.45	1.09
人粪	20	1	0.5	0.37
人尿	3	0.5	0.13	0.19
羊厩肥	28	0.83	0.23	0.63
牛厩肥	11	0.45	0.23	0.5

续表 6－1

种类	有机质	氮	磷	钾
猪厩肥	11.5	0.45	0.19	0.6
土杂肥		0.20	0.18～0.25	0.7～2
鸡粪	25	1.63	1.54	0.85
青草堆肥	28.2	0.25	0.19	0.45
玉米秸堆肥	80.5	0.12	0.16	0.84
稻秸堆肥	78.6	0.92	0.29	1.74
苜蓿		0.56	0.18	0.31
草木樨		0.52	0.04	0.19
三叶草		0.36	0.06	0.24
沙打旺		2.43	0.3	1.65
紫穗槐		1.32	0.3	0.79

表 6－2　　果园常用有机肥折合厩肥数量表

肥料种类	折合厩肥量（千克）	肥料种类	折合厩肥量（千克）
人粪	1.7	玉米秸	1
人粪尿	1	麦秸	0.83
马粪	0.9	棉籽饼	5.7
牛粪	0.98	花生饼	1.05
羊粪	1.03	芝麻饼	9.7
鸡粪	2.4	菜籽饼	8.3

表 6-3　　梨幼树全年施肥量

树龄	基肥施用量（千克/亩）	追施纯氮量（千克/亩）	折合纯氮量（千克/亩）
1	1000	2	4
2	1000	4	6
3	1000	6	8
4	2000	6	10
5	2000	8	12

表 6-4　　长期未施肥的梨树基肥施用量

植株大小	厩肥（千克/株）	钙镁磷（千克/株）	硫酸钾（千克/株）	硼砂（千克/株）	石灰（千克/株）
大树（冠径大于5米）	300~350	5~8	2	0.2	8~10
中等树（冠径3~5米）	200~250	3~5	1.5	0.15	5~7
小树（冠径3米以下）	100~150	1.2~2	0.1~1	0.1	2~4

4. 梨树施肥方法

（1）梨树土壤施肥

梨树的土壤施肥必须根据其根系分布特点，将肥料施在根系集中分布层内，便于根系吸收，发挥肥料最大效用。梨树的水平根一般集中分布于树冠外围稍远处，而根系又有趋肥特性，其生长方向常以施肥部位为转移。因此将有机肥料施在距根系集中分布层稍深、稍远处，诱导根系向深广生长，形成强大根系，扩大吸收面积，提高根系吸收能力和树体营养水平，增强梨树的抗逆性。

施肥的深度和广度与树龄、砧木、土壤和肥料种类等有关。棠梨、杜梨、滇梨作砧木，施肥要深，矮化砧木根系分布浅，施肥要浅。幼树根系浅，分布范围不大，可浅施，随树龄的增大，根系的扩展，施肥的范围和深度也要逐年加深扩大，满足果树对肥料日益增长的需要。沙地以及高温多雨地区养分易流失，要在需肥盛期施，以提高肥料的利用率，坡地宜深施农家肥，便于改良土壤，增厚土层。氮肥在土壤中移动性强，浅施也可渗透到根系分布层内，供果树吸收利用。钾肥移动性较差，磷肥移动性更差，故磷、钾肥宜深施，尤以磷肥宜施在根系集中分布层内，才利于根系吸收。以免磷肥在土壤中被固定，影响果树吸收。为了充分发挥肥效，过磷酸钙或骨粉宜与厩肥、堆肥、圈肥等有机肥料混合腐熟，施用效果较好。基肥以迟效性有机肥或发挥肥效缓慢的复合肥料为主，应适当早施深施；追肥一般为速效性养分，肥效快，可在果树急需时期提前施入。另外，土壤施肥效果还与施肥方法有密切关系。

生产上常用的施肥方法有：

①环状施肥。又叫轮状施肥。是在树冠外围稍远处挖环状沟施肥。此法具有操作简便、经济用肥等优点。但易切断水平根，且施肥范围较小，一般多用于幼树。

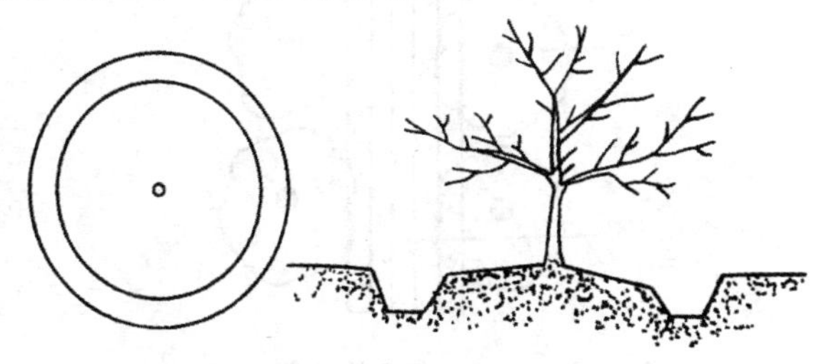

图 6－1　环状施肥

②猪槽式施肥。此法与环状施肥类同，而将环状中断为 3 ~ 4 个猪槽式。此法较环状施肥伤根较少。隔年更换施肥位置，可扩大施肥部位。

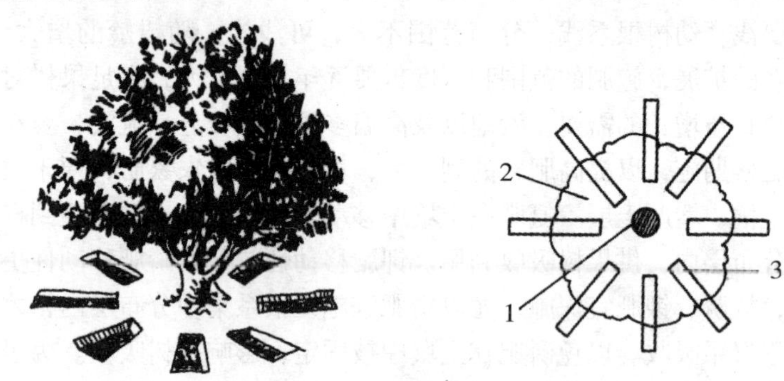

图 6 – 2　放射沟施肥

1. 树干　2. 树冠投影　3. 放射状沟

③放射沟施肥。这种方法较环状施肥伤根较少，但挖沟时也要少伤大根，可以隔年更换放射沟位置，扩大施肥面，促进根系吸收。

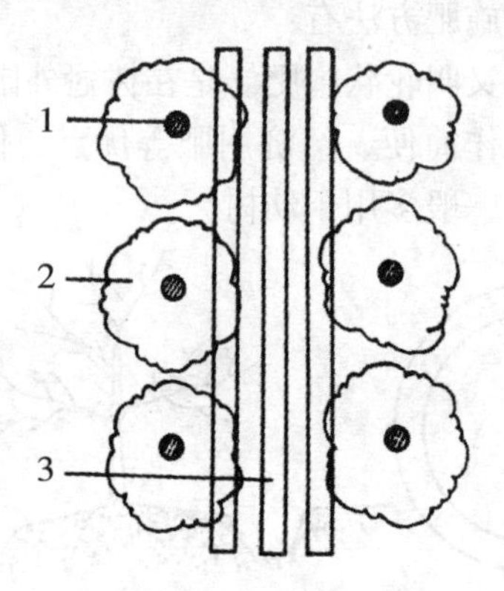

图 6 – 3　条状沟施肥

1. 树干　2. 树冠　3. 条状沟

④条状沟施肥。在果园行、株间或隔行开沟施肥，也可结合土壤深翻进行。

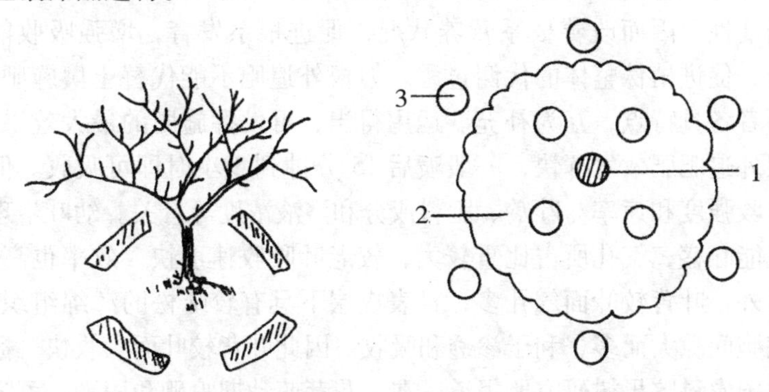

图6－4　穴施肥

1. 树干　2. 树冠投影　3. 施肥穴

⑤全园施肥。成年梨树或密植果园，根系已布满全园时多采用此法。将肥料均匀地撒于园内，再翻入土中。但因施入较浅，常导致根系上浮，降低根系抗逆性。此法若与放射沟施肥隔年更换，可取长补短，发挥肥料的最大效用。

⑥灌溉式施肥。近年来广泛开展灌溉式施肥研究，尤以与喷灌、滴灌结合进行施肥的较多。实践证明：任何形式的灌溉式施肥，由于供肥及时，肥分分布均匀，既不伤根系又保护耕作层土壤结构，节省劳力，肥料利用率高，可提高产量和品质，降低成本，提高劳动生产率。灌溉式施肥对树冠相接的成年树和密植果园更为适合。总之，施肥方法多种多样，且方法不同效果也不一样，应根据果园具体情况，酌情选用。

（2）梨树根外追肥

根外追肥又称叶面喷肥。简单易行，用肥量小，发挥作用快，且不受养分分配中心的影响，可及时满足果树的需要，并可避免某些元素在土壤中化学的或生物的固定作用。根外追肥可提高叶片光合强度，据研究，根外追肥还可提高叶片呼吸作用和酶的活性，因而改善根系营养状况，促进根系发育，增强吸收能力，促进植株整体的代谢过程。但根外追肥不能代替土壤施肥，两者各具特点，互为补充。运用得当，可发挥施肥的最大效果。根外追肥肥效发挥快，一般喷后 15 分钟到 2 小时即可吸收。但吸收强度和速率与叶龄、肥料成分和溶液浓度等有关。幼叶生理机能旺盛，气孔所占比重较大，较老叶吸收速度快，效率也高。另外，叶背较叶面气孔多，且表皮层下具有较疏松的海绵组织，细胞间隙大而多，利于渗透和吸收。因此叶背较叶面吸收快。据中国农科院果树研究所报道，在梨花芽萌动期喷硼和尿素，可降低冻花率；根外追肥要注意肥料的浓度以及施用时间，一般夏季的温度高，根外追肥要在上午 10 时前，下午 4 时后进行，以免因温度高造成肥害，尿素是中性肥料，用作根外追肥时可与农药混合使用。

表 6－5　梨树根外追肥的种类及施用方法

肥料种类	施用浓度	施用时间	使用次数
尿素	0.3～0.5	落花后采收前	3
磷酸二氢钾	0.2～0.5	落花后采收前	3
硫酸钾	0.3～0.5	6～8 月	2
普钙	1～2	5～8 月	3
草木灰	1～3	6～8 月	3
硫酸锌	3～5	萌芽前	1
硫酸铜	1～3	落叶后	1
硫酸亚铁	2～3	萌芽前	1

续表 6－5

肥料种类	施用浓度	施用时间	使用次数
硼砂	0.1～0.3	花期及花后	2
硫酸锰	0.1～0.3	生长季	1
硫酸镁	0.1～0.3	生长季	1
螯合铁	0.1～0.3	6～8 月	3
柠檬酸铁	0.1～0.3	6～8 月	2
氨基酸钙	0.1～0.3	5～8 月	2

三、梨园的灌水

1. 梨树需水特点

①梨树生长量大，需水量大，耐涝能力也比其他果树强，水分不足，枝叶不生长，果个小，地下水位高的梨树经济结果寿命短，梨树的病虫害严重。

②梨树萌芽开花前，枝叶生长期及果实生长期需要水分较多。

③开花期水分多易落花。

④果实生长期水分不均匀易裂果。

2. 梨树灌水时间

云南冬春干旱，夏秋多雨，梨树的灌溉主要是雨季来临前的 1～4 月，但花期不能灌水。梨树的一般灌水时间：

（1）萌芽开花前

梨树萌芽开花前是云南的旱季，缺水的果园梨树萌芽开花不整齐，枝叶生长不良。

（2）开花后

开花后枝叶及果实生长较快，没有充足的水分供应则当年梨树的生长量不够。

（3）果实膨大期灌水

有充足的水分，梨果才能生长到一定大小，此时，水分的供应不仅能满足果实的生长，而且均匀的水分对防止梨果的裂果也有很大的作用。

3. 梨园灌水量的确定

最适宜的灌水量是灌溉后果树根系分布范围内土壤的湿度达到最有利于果树生长，深厚的土层需灌溉深度 1 米，浅薄的土层，灌溉深度要达 0.8～1 米。灌水量用张力计读数确定较为方便。

第七章　梨树的树体管理

一、高效梨树的整形修剪

梨树的整形即根据梨树生长发育特点，把梨树造就成光能利用良好，梨树产量高，品质优，管理方便的形状，称为整形。而梨树的修剪则是为了维持好所造就的树形，剪留梨树的相应枝条。

整形修剪是提高梨果品质，延长梨树经济结果寿命的重要技术措施。尤其在消费者对梨果品质的要求越来越高的今天，如何研究利用合理的梨树树形就显得尤为重要。

1. 梨树的整形

（1）梨树整形的特点

①梨是层性明显、中心干较为发达的树种。

②梨幼树枝条极性生长旺盛，枝条停长早，枝条直立性强，分枝角度小，枝条硬脆。

③梨树萌芽力强，成枝力弱，树冠内长枝少，短枝多。

④梨树的芽属晚熟性芽，当年形成，来年萌芽。

⑤大多数梨树品种的幼树花芽形成晚，但进入结果期后，花芽则易形成。

（2）梨树的主要树形

梨的树形很多，云南梨区常用的树形有疏散分层形和多主枝自然形两种，随着栽培技术的发展，部分地区已开始应用自然开心形、细纺锤形、“Y”字形等树形，各树形结构特点简述如下：

①疏散分层形。

树冠高3～5米，干高60厘米，5～7个主枝稀疏分层排列在中心干上，一般分2～3层，配备6个侧枝，第一层至第二层层间距 80 ~ 120 厘米，二层以上 40 厘米，第一层主枝的基角一般以 55°左右为宜。每个主枝的两侧配备侧枝。第一侧枝距中心干 50 厘米左右，第二侧枝在第一侧枝的对面，两个侧枝一般保持 40 厘米的距离。侧枝与主枝的水平夹角一般要求 45°，结果枝组摆放于中心干或主侧枝上，这种树形比较符合梨树的生长特点，单株产量较高，树冠紧凑，通风良好，适用于多数品种。但这种树形的成形较慢，树体较高大，梨树的管理不便。

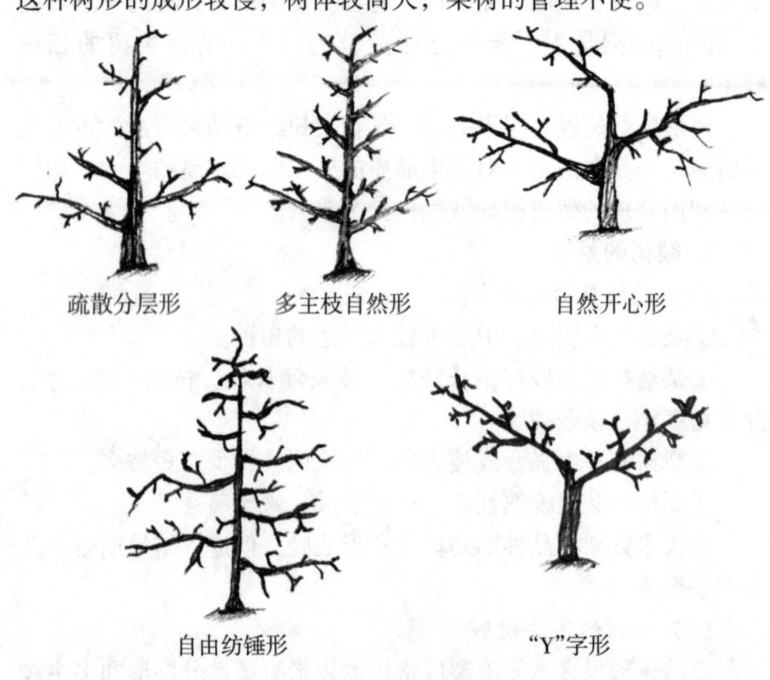

图 7－1　常用梨树树形

②多主枝自然形。

多主枝自然形的主枝自然分层，主枝 5 ~ 10 个，干高 60 厘米。全树 2 ~3 层，第一层 3 ~ 4 个主枝，第二层 2 ~ 3 个主枝，第三层1~2个主枝。层间距一般为50厘米。多主枝自然形梨树的光照条件不如疏散分层形，结果后要注意疏出过密枝条。

③自然开心形。

该树形类似于桃树的自然开心形，没有中心干，主干高1.2米，三大主枝互成120°向三方生长，主枝与主干成35°~45°，主干顶部有3~4个主枝，结果枝组分布于各主枝上，光照条件优越，树体管理方便，果实大小整齐度高，品质优良，是目前栽培日、韩梨品种生产优质果品的主要树形，适合于株行距较大，新植梨园或大树落头开心及高接梨园采用。

④自由纺锤形。

树高2.5米，干高80厘米，主枝10个，向四周交错延伸，主枝间距20厘米左右，主枝开角70°~90°，同方位主枝间距大于50厘米，主枝长100~200厘米，下层主枝大于上层，在主枝上直接培养中、小型枝组结果，该树形结构简单成形容易，结果早，丰产，通风透光好，管理方便，适用于株行距为2~2.5米×3.5~4米的密植园。

⑤“Y”字形

该树形结构为二主枝开心形，主干高70厘米，主枝分生角度45°，主枝向行间伸展，主枝上直接着生中、小型结果枝组。该树形具有结构简单，光照条件好，容易培养，易于矮化密植。由于树体较矮，管理方便。适宜新植果园或高改树。

2. 高效梨树树形造就

(1) 定干时间

苗木栽植后，于2月上中旬梨苗萌芽前定干，坐地砧就地嫁接的，待苗长到80厘米高时即可摘心定干。

(2) 定干方法

①短截定干。

短截定干适宜培养较大树冠树形时采用。定干的高度影响第一层主枝分生的位置，如定干 80 厘米左右，第一层主枝选留3～4 个，则培养较大的疏散分层形，若定干小于 80 厘米，剪口以下芽尽量促其萌发，则培养多主枝分层形。

现以培养多主枝分层形为例，介绍如下：

在 80 厘米处的迎风饱满芽处剪断，剪口上涂抹油漆或用薄膜包扎保湿。除剪口芽外，其余的饱满芽采用上目伤或涂抹发枝素促进萌发。小树冠树形待芽萌发后采用拉枝方法拉平各主枝即可。

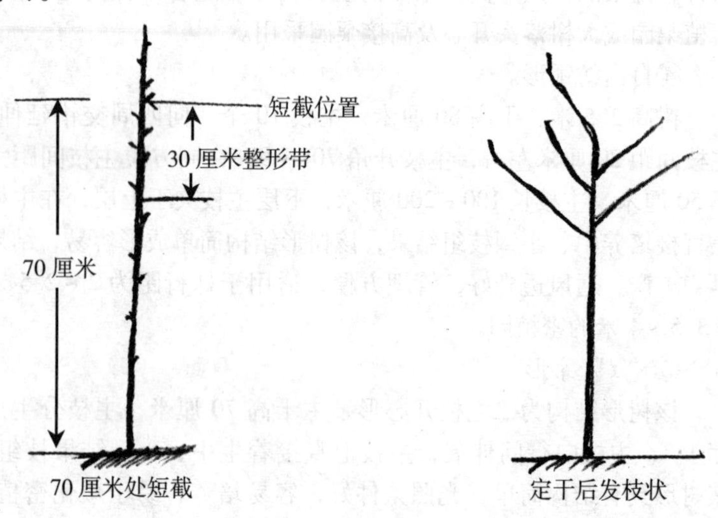

图 7－2　短截定干

②拉枝定干。

拉枝定干适宜培养小树冠的“Y”字形树形。

定干要求栽植大苗和壮苗，苗高 1.2 米以上，苗木基部直径在 1 厘米以上。定植时不定干。待苗木发芽后在距地面 70 厘米处，按腰角 70°拉向行间方向，并在弯曲处选上好芽，在好芽的上方进刻伤或涂抹发枝素，促其发出直立枝。第二年春，将主枝上培养出的直立枝拉向对面行间方向。为了培养好大主枝，需将二大主枝背上的直立枝抹除或重摘心，以培养成小型结果枝组。主枝延长枝一般不短截。如树势较强时，可对主枝延长枝进行轻度短截。

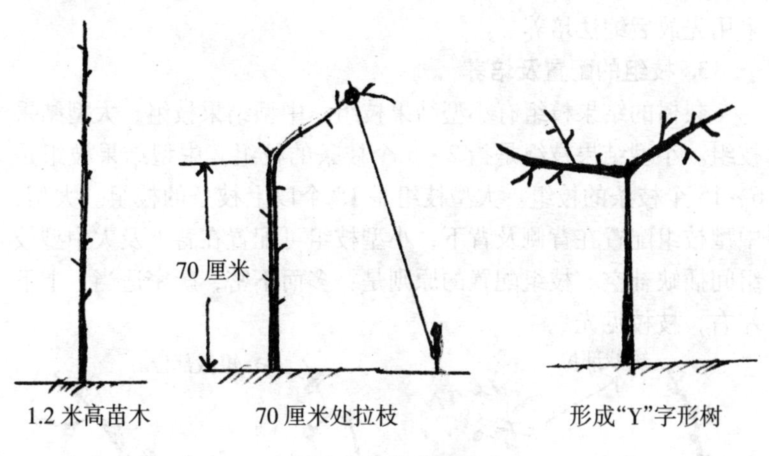

图 7－3　拉枝定干

（3）主枝的选留

第一层选 3 个大主枝的，主枝选择相邻 10 厘米，交角 120°长势相一致的。若选 4 个主枝。则选互成 90°的。第二层主枝的生长方向是第一层主枝的空隙。

（4）主枝的培养

短截主枝延长头在培养侧枝的同时，即加大主枝的尖削度。一般梨树的主枝延长头第一年的剪留长度是 60 厘米，选第三侧芽为第一侧枝，抹除竞争芽，第二年剪留 50 厘米，第三侧芽为第二侧枝，方向于第一主枝相对。第三侧枝选留在第一侧枝同侧，与第一侧枝相距 100 厘米。各主枝的长势要相近，强弱用拉枝开角来调整。

(5) 抚养枝的培养

抚养枝是提供梨树养分的重要枝条，分永久性抚养枝，临时抚养枝。梨幼树期要多留抚养枝，促其早结果，以果压树，控制梨树极性生长。达到早结果的目的。抚养枝主要培养在层间，可采用先放后缩法培养。

3. 枝组的配置及培养

梨树的结果枝组有小型结果枝组、中型结果枝组、大型结果枝组。小型结果枝组是指 2~5 个枝条的枝组。中型结果枝组是 6~15 个枝条的枝组。大型枝组是 15 个以上枝条的枝组。人型，中型枝组配置在背侧及背下，小型枝组可配置在背上及大中型枝组间插缺补空。枝组配置的原则是：多而不密，疏密适当，上下左右，枝枝见光。

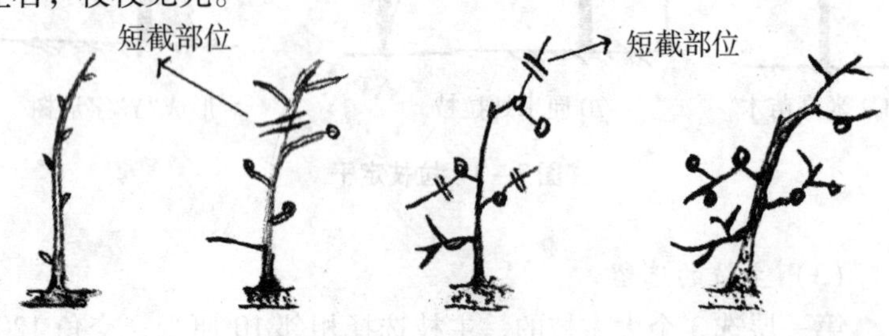

图 7-4　先放后截培养枝组

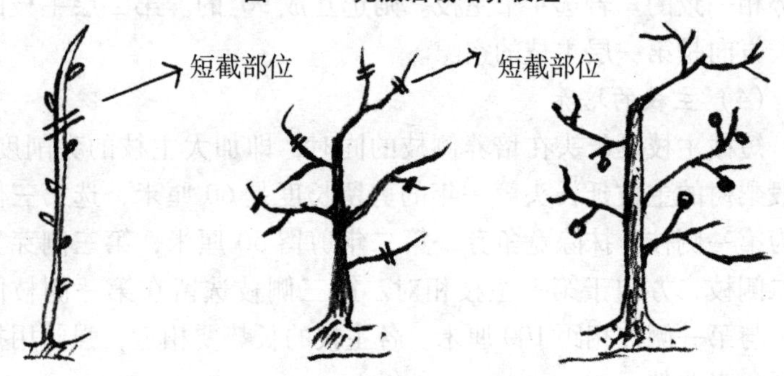

图 7-5　先截后放培养枝组

（1）小型枝组的培养

40厘米左右长度枝条短截后，使其中下部分生短枝或花芽后，留3个分枝回缩，然后再用结果后的果台副梢培养而成。

（2）中型枝组

常用的培养方法有先放后缩法和先截后放法，对强枝旺枝，可配合环割、环剥法、拉枝法培养。

长放枝条使中下部形成花芽和分枝后，再回缩，长势缓和下来，就成为中型枝组。

对50厘米枝条，可轻剪顶芽，促发下部分枝，采用带辫回缩，经连续几次回缩后就成中型枝组。

对长的强旺枝则可在20厘米处环剥，以上留20厘米短截。也可剪留50厘米，间隔10厘米环割，促发割口以下枝条萌发后回缩，即成中型枝组。长枝则用绑枝法促其分枝后，回缩成中型枝组。

（3）大型枝组

大型枝组枝条较多，可用辅养枝改造形成，或采用中型枝组培养法，经多年培养而成。

4. 梨树的修剪

（1）梨树修剪的时间

①冬季修剪。

冬季修剪又称休眠期修剪，因修剪时梨树已处于相对休眠状态，树体内的养分贮藏在根系内，修剪枝条带走的养分少，所以，冬季修剪的修剪量稍大，主要是对梨树短截营养枝，疏除过密枝，回缩衰弱枝。

②生长季修剪。

生长季修剪又称夏季修剪，此时正是梨树开花结果，枝条生长，花芽形成时期，所以，修剪对梨树的养分损失较大，故生长季修剪较轻。生长季修剪又可分为：

春季修剪：包括花前复剪，刻芽。

夏季修剪：主要是绑枝、环剥、环割、拉枝等。

秋季修剪：主要是拉枝。

（2）梨树修剪的技术

梨树的修剪手法很多，但总结起来是：“截”、“疏”、“放”、“变”、“伤”。

①截。

俗称为短截，指剪去梨一年生枝的一部分，轻短截用于促进分枝及形成花芽。中短截用于延长枝的修剪，目的是促进生长。重短截是降低分枝部位，培养大型结果枝组。

②疏。

又称疏删，把梨树枝条或大枝从基部疏除，一般是剪除背上枝、细弱枝、密生枝。

③放。

又称长放，即对梨树的部分枝条不剪，目的是促进梨树枝条形成花芽或短枝，缓和树势。

④变。

变是指改变梨树的枝条方向，目的是调整枝条位置，平衡树势，控制顶端优势及垂直优势。促发分枝及形成花芽，如撑、拉、吊、背、绑、圈等。

⑤伤。

伤是改变梨树枝条内部养分流动，促进养分的积累，如环剥、环割、目伤、扭枝等。

5. 不同年龄梨树的修剪

（1）幼树及初结果梨树的修剪整形要点

①生长发育特点。

幼树生长旺盛，枝条少、粗长、分枝角度小。容易形成合抱树冠。

②修剪整形主要目的。

加速扩大树冠，培养丰产树形，使之早成树投产。

③修剪整形的方法。

栽植后要根据选定的树形及时定干，注意配备培养骨干枝及抚养枝。短截骨干枝延长枝扩大树冠，控制竞争枝，通过调整骨干枝角度平衡树势，多留辅养枝和裙枝结果。修剪时要少疏多留、少放多截、多刻、多拉和多剥。尤其是整形带以下部位的枝条多留能促进早结果。

(2) 结果期及盛果期梨树的修剪整形

①生长发育特点。

此期，随着树龄的增大，挂果量一年比一年增多，树势也由旺长而渐趋缓和，最终达到营养生长与生殖生长的平衡。

②整形修剪目的。

继续扩大树冠，缓和树势，使产量逐年成倍上升。

③整形修剪的方法。

在前段整形的基础上，骨干枝继续采取中短截的方法，促进延长生长，用以加速扩大树冠，要继续配齐各层各级骨干枝。各级骨干枝上的枝条要少疏少截，多留花留果，促进产量的提高。树冠内的强旺枝要通过环剥、绑枝、环割的手法缓和生长势，改变生长方向促其早成花挂果，尤其要注意结果枝组的培养和配置。大型、中型枝组配置在背侧及背下，小型枝组可配置在背上及大中型枝组间插缺补空。对于影响光照条件的抚养枝，适时回缩改造成结果枝组。随着产量稳定，树形定型，要配合土肥水管理，平衡营养生长和生殖生长的关系，重点是通过疏花疏果控制产量，从而控制养分的平衡。

(3) 结果盛期及衰老期的修剪

①生长发育特点。

梨树的枝条和根系已从离心生长向向心生长转变，衰弱枝增多，病害严重，产量下降。

②修剪的目的。

改善树体内光照条件，缩短养分输送距离。配合肥水管理，增强树势，减缓衰老速度。

③修剪方法。

根据枝条生长势，及时回缩衰老枝，选用壮枝抬高主枝角度，落头开心降低高度，疏除中心干，改造成开心形树型。

6. 梨树整形修剪上常见的问题及解决的办法

梨树的种类品种多，各种类品种的生长特点各不相同，加之云南的各地气候、土壤条件各不相同，农户对整形修剪技术的掌握程度不同，所以，在梨树的整形修剪技术的应用上就存在很多问题，现就主要问题及解决的办法介绍如下：

（1）盲目夸大梨树整形修剪的作用

果树整形修剪的作用是调节作用，即通过调节光照，营养物质的输送及分配，达到使果树早结、丰产、稳产、优质的目的。梨树也不例外。整形修剪的调节作用必需在良好的土肥水管理的基础上，才能发挥作用。所以要搞好梨树的整形修剪，就要做好梨园的土肥水管理工作。

(2) 树形选择不当

最好的梨树树形是方便管理，造型容易，修剪技术简单的树形。高效梨树的树形要求早结果，管理技术落实到每一个果实上，所以，选择的树形要主干矮，分枝低，结果枝组的分枝级数低（主枝上要配备结果枝组）。定干高，定干后对整形带以下枝条疏除，是造成梨树树冠合抱，结果晚的原因。合适高度定干，配合刻芽拉枝，多留整形带以下部位枝条是梨树早结果的关键。开心形，“Y”字形，纺锤形树形合乎当前梨树高效，优质栽培的发展方向。

(3) 过分强调树形，短截过重

梨树幼树枝条极性生长旺盛，分枝角度小。幼树期进行短截，尤其是枝枝动剪，往往使枝条数量迅速增加，营养生长过旺，满树枝条。梨幼树期的短截，主要是针对中央主干、主侧枝延长头和较大枝组的培养，其他枝条应以轻剪缓放为主。

(4) 缓放过多，放任不剪

缓放的目的是为了缓和树势，及早成花，但在幼树整形期，采用缓放过多，会导致大量成花和结果，造成树势下降，肥水跟不上就形成小老树，很难形成丰产，稳产树形。该短截的枝头，一定要短截，甩放的枝条是抚养枝，要保持树体的主从分明。前期应注意短截和疏花疏果；结果初期应注意缓放；对衰老树应注意短截和回缩。

(5) 不重视早期的拉枝开张角度

由于梨树枝条极性生长旺盛，分枝角度小，前期不拉枝开张角度，极易造成树冠合抱，等到枝条长粗后，再进行拉枝。则很难将枝条角度拉开且容易导致树体劈裂。梨树枝条拉枝的最好时间是有枝叶的秋季，不要在冬季拉枝，要重视小树期的拉枝。

(6) 整形修剪方法单一，重冬剪，轻夏剪

梨树不同年龄时期，不同枝条需要不同的修剪方法，在梨树的整形修剪中，要综合应用修剪技术，效果才好。而很多的果农修剪方法较单一，修剪上一直认为冬季才是梨树的修剪时期，所以，冬剪很认真，而忽视夏季。现代果树的管理强调的是周年管理，梨树的修剪也同样。夏季修剪是冬季修剪的基础，夏季及时进行抹芽、疏枝、拉枝、拿枝和剪除病虫枝等工作，对调整树体生长势、改善光照条件、提高果实品质、促进花芽分化有冬季修剪无法替代的作用，而冬季修剪的延长枝短截，对调整树体长势又是夏季修剪所不能解决的。

7. 高效梨树的花果管理

梨树生产的目的是为了获得高产、优质的梨果实。而梨树产量，品质构成的过程是：优质的果实来源于优质的花，优质的花来源于优质的花芽。所以，梨树的花果管理要从花芽的形成时期就开始。促进梨树花芽形成的措施有：

（1）轻剪缓放

梨树枝条不剪，则生长势显著减弱，而且发生短枝，短枝的数量多，有利于营养物质积累和花芽形成。尤其在幼树和初结果树上作用极为明显。

（2）改变枝条角度

改变枝条生长方向的方法有撑、拉、吊、绑等，可使主枝或各级骨干枝的激素分布发生改变，促进养分的积累，从而缓和生长势，利于花芽的形成。梨树枝条硬，加之分枝角度小，撑拉不当，极易造成骨干枝劈裂。撑拉时间要选择在秋季，不要在休眠期。吊枝及绑枝要在梨树枝条停长前进行，一般在6月下旬进行，此时拉枝成花率高。

（3）环剥、环割促花

环剥、环割可促进伤口以上部位的养分积累，对于长势旺或旺长的抚养枝采用环剥、环割效果较好。环剥、环割一般在6月进行，环剥宽度为枝条直径的1/10，每枝上环剥一道。环割可间隔10厘米割一圈，割三圈。

（4）使用生长抑制剂促花

多效唑能有效抑制梨树枝条的生长，对梨树的幼旺树，可用多效唑控制生长，促进花芽的形成，多效唑可土施：15%多效唑每平方米10克，提前1月施入土壤并灌水。新梢上用700毫克多效唑/千克喷布。

二、梨树的保花保果

1. 梨树落花落果的原因

(1) 内　因

①激素水平低。梨是假果，果实是由花托细胞膨大形成，细胞的分裂需要激素的形成，授粉不良的梨花，由于种子不能形成，不能产生激素，故坐不了果。

②营养水平低。梨树花芽饱满，则花朵正常，花序内花朵数量多，坐果率高，反之，坐果率低。

③品种特性。有部分梨树品种采前落果严重，原因是这类品种成熟时，果柄容易形成离层，故容易导致采前落果。

(2) 外　因

①不良气候条件。花期大风、低温直接影响蜜蜂的活动，导致授粉不良，授粉不良则落花落果。花期霜冻则导致早花的品种如富源黄梨、金花梨花受冻。干旱也会导致落花落果。上一年冬季低温量不够，导致花芽的休眠不能被打破，开花不整齐，授粉不良，落花落果严重。

②病虫害的影响。黑星病、梨小食心虫等直接导致落花落果。

③不当的花期管理。花期灌透水，花期的喷药会导致落花落果。

2. 梨树保花保果的技术措施

(1) 促进养分积累，适时补肥

促进养分的积累要从上一年抓起：一是要控制挂果量，重视施壮果肥，采果肥及秋施基肥；二是要保护好叶片。梨树开花期要消耗大量的养分，故要在开花前结合灌水，施萌芽肥，在盛花期，间隔一周在花上喷0.3%尿素+0.2%磷酸二氢钾+0.2%硼砂+蜂蜜。

（2）创造良好的授粉受精条件

梨园选择在背风向阳缓坡地，配置授粉树要合理，梨园四周营造防护林，梨园周边不种蜜源植物，梨园养蜂等措施均可提高梨树的开花坐果率。

（3）人工授粉

①授粉品种的选择。

根据我们的研究，梨树的花粉直感现象突出，人工授粉时选择授粉品种很重要，要选择果形端正，花粉量大，与主栽品种亲合力强的品种进行人工授粉。

②花粉的采集。

花粉的采集要在主栽品种开花前，从适宜的授粉树上结合疏花采集含苞待放的铃铛花，带回室内，人工或机械脱取花药。将筛净的花药，均匀薄摊于亮光纸上。置于温度为20~25℃、相对湿度70%的室内晾干（不能曝晒）。经过1~2天后，花药开裂，散出花粉，将花粉装入干燥洁净的茶色玻璃瓶中。自然条件下，贮放10~15天，花粉发芽率可达80%以上，有报道认为，把花粉放在吸湿干燥剂，用黑纸遮光，0~5℃的环境下可保存1年，发芽率可在80%以上。

③授粉的方法。

人工点授：用铅笔的橡皮头或用棉花缠在小木棒上。蘸花粉后在初开花的柱头上轻轻一点，使花粉均匀沾在柱头上即可。每蘸一次，可授花7~10朵，每个花序可授花2朵。花多的树，可隔花序点授。花少的树，可多授花朵，尤其是内膛枝和辅养枝上的花。

喷粉授粉：滑石粉中加入5%的花粉，用喷粉器向梨花柱头上喷布。

液体授粉：取花粉20~25克，加入10升水、500克蜂蜜、20克尿素和20克硼砂制成悬浮液。当全树花朵开放40%以上时，用喷雾器向柱头上喷布。

无论采用哪种授粉方法，均应适期进行，才能取得较好效果。一朵花在开花后的当天或第二天授粉，坐果率最高。

（4）不良气候条件的防止

不良的气候条件可直接造成授粉不良，如花期霜冻（晚霜危害），降雪。在云南高海拔的地方花期早的品种，短期的辐射霜冻可在梨园中燃放烟雾，提高梨园气温。也可进行梨树的喷水降温延迟花期。间接的影响是指大风或低温使蜜蜂的授粉活动受到影响而造成的授粉不良，防止方法要从园地选择及营造防护林入手。

（5）辅助措施

①对授粉树配置数量不够的梨园，可采用插挂花枝或嫁接授粉花枝的方法增加授粉花朵。但大面积的商品化梨园效果不佳。

②使用植物生长调节剂喷布 15 毫克/千克奈乙酸加 0.3% 尿素 +0.2% 硼砂溶液可有效地防止梨落花和落果，用 30 毫克/千克的赤霉素喷布也可防止落花落果。用 B9 或 50 毫克/千克的 2.4 - D 则可防止提前落果。

3. 梨树疏花疏果

梨树的疏花疏果，不仅能改善梨果实品质，增大果个，还能调整梨树的挂果量，防止隔年结果现象的发生，延长经济结果年限。

（1）梨树的疏花

根据梨树花芽数量及开花情况，在冬季疏除过多花枝，春季花前复剪。当花枝量超过全树总枝量的 50% 时，即需进行疏花。疏花时间越早越好，为方便操作，最好的时间是从花蕾分离到开花前。疏除弱花序、病虫害花序、弱枝花序、延长枝头花序。第一、第二位花坐果较好，要保留，早开的花较迟开的花质量高。

（2）梨树的疏果

花朵受精后经过两周，可以判断是否坐果。因此，疏果应在谢花后 10～20 天生理落果完成后进行。留果量可根据梨果实的大小、叶果比、枝果比等确定。生产上操作较为方便的是用果间距留果法：小型果 20 厘米留一果，中型果 25 厘米留一果，大型果 30 厘米留一果。

4. 提高梨果商品果质量的技术措施

（1）改造树形

管理落实在单果之上，就能生产优质梨，所以，整形就要以方便管理为目标。云南梨树的树形多以主枝分层形，疏散分层延迟开心形为主，要生产优质梨，提高优质梨果比率，就要降低树高，新植梨园的树形选用小冠纺锤形，“Y”字形及开心形，采用大树冠树形的梨园根据品种的市场情况，采取分年度落头开心方法逐渐改造成开心形。

（2）合理负载

梨树的负载量，要依据树龄、树势以及品种特性来确定。幼树期以长树为主。要尽快使其扩大树冠，早进入盛果期，故负载量不宜过大，否则树势易早衰，早实品种，不控制早期结果量，梨树就容易变成小老树。进入盛果期按留果方法进行留果。

（3）套袋栽培

①选择纸袋。

通过对梨果实套袋的研究，使用不同种类的纸袋，梨果实的大小、色泽、果面光洁度和果实的可溶性固形物含量及果实的风味均不相同。褐皮梨选用内黑外褐双层袋，绿皮梨用双黄纸袋，黄褐色纸袋适宜套果点深大的品种及采后立即销售的品种。

②套袋的时间。

套袋的时间早晚对果实外观和坐果率都有一定的影响，套袋过晚，果实锈果率及锈斑面积均明显增加；套袋过早（外层袋)，果柄细弱，抗风力差，极易造成大量落果。一般在落花后15～45天内进行套袋，最佳套袋时期是在落花后20～30天。

③套袋方法。

套袋前先彻底喷布一次杀菌剂、杀虫剂，然后选择授粉良好、坐果可靠和果形周正的果实套袋。先将纸袋吹开，使之鼓起，两底角的通气放水口张开。然后用手托起果袋，将幼果套入袋内，然后从袋口中间向两边依次按“折扇’方式折叠袋口，最后用袋口的细铁丝捆扎结实，防止害虫进入纸袋。纸袋套好后，果实在袋内应保持悬空状态。

三、梨树品种的改良

1. 良种的引进

梨树良种引进的依据为：

①引进品种对当地自然条件的适应性。

②引进品种的市场前景。

2. 良种的高接换种技术

(1) 梨树高接前的准备工作

①梨树枝条的保存。

结合冬季修剪，剪取树冠外围芽饱满的一年生枝条作接穗，100条一捆，挂上品种名称标牌。要注意配置引进授粉品种。枝条量大可用湿沙埋存，枝条量小，可用薄膜包裹冷藏。

②嫁接梨树的树形改造。

可利用高接机会，改造原有梨树的树形，大树冠树形要锯除中心干，保留一层主枝换接，小冠疏层形，树冠高度2.5米以下，可直接换接主干上的多个主枝。锯口太大，为促进伤口愈合，伤口上涂抹油漆。

(2) 梨树高接方法

梨树的嫁接方法很多，速度快，接后管理方便的是劈接法。

使用劈接法，为配合整形及早结果，嫁接时可根据枝条的长势及位置选用不同的接穗。枝头嫁接两个芽的短接穗，因短接穗生长量大，故用于扩大树冠，枝组及抚养枝部位选用四个芽的长接穗，使其发枝量大，用于成花挂果。

(3) 高接梨树的管理

高接梨树由于根系发达，枝条年生长量大，管理工作很重要。

①除萌抹砧：在梨树萌芽时，分多次抹除中间砧上的萌蘖，以便集中养分，促进接条的生长。

②解除薄膜：当接条的芽萌发生长到40厘米时，用刀挑开薄膜的扎口，薄膜仍保留在嫁接口上。

③整形修剪：高接梨树第一年的整形修剪极为重要。夏季修剪：主要是环剥和拉枝。当枝条长到60厘米以上是，除主枝延长头外，其余枝条可采用促花措施，枝条粗壮则离嫁接口20厘米环剥一圈，促进剥口以下部位发枝，剥口以上部位成花结果。枝条细长，可采用绑枝方法促进枝条成花。冬季修剪：一是调整延长枝头角度，二是对各抚养枝刻芽，促发枝。

3. 地方良种的提质增效技术

云南的梨树地方良种较多。这些地方良种若采用较好的栽培管理技术，则能获得较好的经济效益，也可走出一条开发地方良种的路子。

(1) 改良树形

云南的地方良种都采用大树冠的树形，这种树形较高大，疏花疏果、果实套袋及病虫害的防治极为不便。要提高商品果比率，方便管理的树形的选择极为重要。为此，对新植梨树要采用小冠形、开心形、“Y”字形等树形。投产的梨树可采用逐年落头开心，改造成开心形树。

(2) 人工授粉

梨果肩不齐，果形不正，原因主要是梨树的授粉不良及授粉品种的花粉直感，除了配置果形较好的授粉品种外，解决的最好方法是人工授粉。

(3) 疏花疏果

大小果现象严重，果实的整齐度差的主要原因是没有进行疏花疏果，要在改造树形降低树高的情况下推行梨树的疏花疏果技术。

(4) 果实套袋

云南梨树品种中有部分是黄皮梨，这些品种果皮气孔发达，光洁度差，加之雨季集中，部分品种的煤污病、褐腐病严重，极大地影响梨果的商品品质，实践证明，梨果实的套袋是云南梨树提质增效的好技术。

(5) 分级选果及包装

梨果采摘后，进行分级、清洁处理工作，可以改善果品的商品品质。云南大多数梨果都未经商品化处理就直接进入市场，果实大小不一，外观质量差，竞争力低。

第八章　梨树的病虫害防治

一、云南梨树的主要病害种类及防治技术

1. 梨树腐烂病

(1) 症　状

梨树腐烂病是梨树的主要枝干病害，在多雨以及地下水位高的地区危害严重。西洋梨发病率可达100%，今村秋、新世纪发病率其次，中国梨发病较轻。结果大树较幼树发病重，受冻害、管理粗放、树势衰弱的树发病重。

腐烂病的发病部位主要在主干、主枝和侧枝上，大枝的向阳面和枝杈处尤易发病。发病初期病斑呈水渍状，病皮下面的皮层腐烂变色，病部逐渐失水凹陷，病健交界处有裂缝，最后在病部表面长出小黑点。

(2) 发生规律

腐烂病病菌在病树皮上越冬，春季随着病部的发展，逐渐形成病菌孢子，病菌孢子随风雨传播到树体上。果园终年都有病菌孢子的存在，从3月到11月病菌都能侵染寄主，但以3月下旬至5月中旬为最多。病菌侵入寄主后潜伏并不立即发病，只有在侵染部位的组织死亡或衰弱时，病菌才能扩展，表现症状。所以，当果树大量结果或果树树势极度衰弱时，常有腐烂病的大发生。

腐烂病病害发生有明显的规律性。早春2～3月，气温回升，进入危害盛期，5月发病盛期结束。果树进入旺盛生长期，树体自身的抗病力增强，发病锐减，9～11月，树体停止生长，抗病力减弱，病斑又扩大。因此，2～5月和9～11月是刮治腐烂病的重要时期。

(3) 防治方法

①加强果树栽培管理，提高树体抗病能力，多施有机肥，合理追肥，以增强树势，提高果树抗病力，这是预防腐烂病发生的根本措施。

②发病关键时期及时刮治病斑。2～5月和9～11月要及时刮除病斑，并涂药杀菌，药剂有腐必清可湿性粉剂10～20倍液；1%苹腐灵水剂2倍液，5%菌毒清30倍液，腐烂敌20～30倍液，腐必清乳剂2～3倍液，843康复剂原液等。

③喷药防治：重病园在春季果树发芽前喷布腐烂敌80～100倍液，40%福美胂可湿性粉剂100倍加腐殖酸钠或腐必清乳剂100倍混合液，以铲除树体上的病菌。

④剪除病枝：及时剪除病枝、病桩，带出果园烧掉。以减少病原。

⑤重病树桥接：对于有大病疤的树，要实行桥接或脚接，以补充树体营养的供应，恢复树势。

2. 梨树轮纹病

(1) 症　状

轮纹病病菌可侵染枝干、果实和叶片。果实上一般是在近成熟期发病，病果很快腐烂。感病的果实在贮存期发病腐烂，严重可造成烂库。树干发病初期病斑略隆起，后边缘下陷，从病健交界处裂开。几个病斑连在一起，形成不规则大斑，春天病斑上形成许多黑色。果实上一般在近成熟期发病，首先表现为以皮孔为中心，水渍状褐色圆形斑点，后病斑逐渐扩大呈深褐色并表现明显的同心轮纹，病果很快腐烂。

(2) 发生规律

枝干病斑中的菌丝和分生孢子器是最主要的侵染来源。越冬的分生孢子器，翌年春天从2月底开始形成和释放分生孢子，借雨水传播造成枝干、果实和叶片的侵染。枝干当年形成的病斑上不形成分生孢子，从病斑形成第二年开始的2～3年是形成分生孢子时期。梨轮纹病在枝干和果实上有潜伏侵染的特性，尤其果实发病很多都是早期侵染，成熟期发病，其潜育期的长短主要受果实发育和温度的影响。一般管理粗放，树体生长势弱的发病重。

（3）防治方法

①加强栽培管理，增强树势，提高抗病能力。

②果实套袋。

③铲除初侵染源：从梨树萌芽之初开始，刮除树干上的病斑并带出园外集中烧毁。病斑刮除部位及时涂抹50倍402抗菌素或1∶2∶200倍波尔多液或40倍轮纹铲除剂。重病园可以在梨树休眠初期和萌芽前各喷1次200倍轮纹铲除剂。

④及时喷药、保护果实。从4月下旬至8月份，结合降雨情况和其他病害的防治，每间隔10～15天喷1次杀菌剂，以保护果实。药剂有50%多菌灵或甲基托布津可湿性粉剂800～1000倍液；50%退菌特可湿性粉剂600倍；1∶2∶240倍波尔多液；80%敌菌丹1000倍液。注意药剂的交替使用。

3．梨树锈病

（1）症　状

病菌侵染叶片后，在叶片正面为橙色圆形病斑，病斑略有凹陷，病斑上密生黄色小点，背面病斑略突起，后期长出黄褐色毛状物为病菌锈子器。果实和果柄上的症状与叶背症状相似，幼果发病能造成果实畸形和早落。

梨树锈病侵染叶片也危害果实。由于锈病菌具有转主寄生的习性，其转主寄主桧柏的分布和多少是影响梨锈病发生的重要因素。所以，在桧柏类植物分布广泛的南方地区，梨锈病发生较普遍。

(2) 发生规律

病菌只在春季侵染梨树1次，是典型的单病程病害。病菌以多年生菌丝体在桧柏类植物的发病部位越冬，春天形成冬孢子角，在梨树发芽展叶期吸水膨胀，萌发产生担孢子，随风传播到梨树上造成侵染，松柏类植物的多少和远近是影响梨锈病发生的重要因素。在梨树发芽展叶期，多雨有利于冬孢子角的吸水膨胀和冬孢子的萌发。

(3) 防治方法

①彻底铲除梨园周围桧柏类植物。

②在桧柏植物上喷药抑制冬孢子的萌发和锈孢子的浸染。对不能砍除的桧柏类植物要在春季冬孢子萌发前剪除病枝并销毁，或喷1次石硫合剂或80%五氯酚钠抑制冬孢子的萌发。

③喷药保护梨树。梨树展叶期喷1次杀菌剂，来防止担孢子的侵染。药剂有1:2:200倍波尔多液，65%代森锌可湿性粉剂1500倍液，15%粉锈宁1000倍液等。

4. 梨树黑星病

(1) 症　状

该病主要危害梨树的幼嫩组织（幼叶、幼果、嫩梢等），病部产生黑色霉状物，病斑多发生在叶背面，呈褪绿色不规则形，叶脉和叶柄上为长条形和椭圆形，病斑上很快出现黑霉层，易早落叶。幼果受害开始为淡黄色小点，后扩大为圆形，黑霉层渐渐凹陷，变硬或龟裂，易早脱落。嫩梢上病斑为椭圆形或近圆形，有黑霉、凹陷、龟裂、呈疮痂状，故又称疮痂病。花序的病斑，多在花梗的基都，渐使花序干枯萎蔫。

(2) 发生规律

梨树黑星病是梨树的主要病害。在我国南北梨区都有发生，病害流行年份，病叶率达90%，病果率达50%～70%。云南的宝珠梨、它披梨等受害较重，麦地湾梨、巍山红雪梨、金花梨、黄花梨、早酥梨等受害轻。

黑星病病菌主要以菌丝体和分生孢子在芽、枝、叶上越冬。在梨树发芽期，病菌借风雨开始传播侵染，在云南降雨早的年份，病害发生早，反之则晚。湿度是影响该病发生和流行的重要条件。最先发病是芽、花序和嫩梢的基部，逐渐扩展至叶片和幼果。从开花至果实近成熟期，可出现多次侵染。

（3）防治方法

①梨树萌芽前，喷 1 次 5 度石硫合剂铲除越冬病菌，梨落花后，结合疏花疏果剪除病梢，对控制全年发病有很大作用。

②落花后可喷布下列任一种杀菌剂：20% 代森锌剂 1000 倍液，40% 代森锰锌乳剂 300 倍液；50% 多菌灵可湿性粉剂 600 倍液。

③雨季来临前，喷保护剂 2 ~ 3 次。可用 1∶2∶200 倍波尔多液、多菌灵等。

5. 梨树炭疽病（苦腐病）

（1）症　状

梨树炭疽病（苦腐病）主要危害果实。染病果实上病斑开始先为淡褐色小斑，渐扩大呈圆形，褐色或暗褐色，水渍状，稍凹陷，并有明显颜色深浅相间的同心轮纹，病部果肉腐烂，呈漏斗状烂入果心，有苦味，严重时全果腐烂，病斑后期，表面出现黑点（分生孢子盘），排列成同心轮纹状，在潮湿或雨后，黑点能溢出粉红色黏液（分生孢子团）。枝上病斑为黑色，病皮粗糙，使病枝变衰弱，严重时枝枯死。

（2）发生规律

病菌以菌丝体在病枝、病果台、病果上越冬，翌春转暖，病斑上产生大量分生孢子，靠风雨传播，引起初次侵染。随气温升高和雨水增多，侵染加快，发生多次侵染。果实浸染前期，侵入的病菌呈潜伏状态存在，直到果实生长后期才逐渐发病，在果实近成熟期，尤其遇到高温多湿则病斑蔓延加快，果实受害严重。管理粗放，氮肥过多，树冠郁闭，低洼积水，会加重病害发生。

（3）防治方法

①秋后清园，消灭越冬病菌，整形修剪、增施有机肥，以提高树势，减少病害发生。

②早春梨树发芽前，为消灭越冬病菌，可喷洒5度石硫合剂或100～300倍五氯酚钠。幼果期可结合防治轮纹病、黑星病等，在6～7月连续喷3～4次药，相隔10～15天。

6. 梨缩果病

（1）症　状

在云南造成梨果实缩果的原因有两个：一是梨生理性病害导致的缩果，二是椿象危害导致的缩果。

生理性梨缩果病是由缺硼引发的病害。不同品种对缺硼的耐受能力不同，不同品种上的缩果症状差异也很大。严重发生的单株自幼果期就显现症状，果实上形成的数个凹陷病斑，严重影响果实的发育，最终形成猴头果。凹陷部位皮下组织木栓化。中轻度发生的不影响果实的正常膨大，在果实生长的后期出现数个深绿色凹陷斑，随果实的发育凹陷加剧，最终导致果实表面凹陷，斑下组织极少变褐或木栓化。硼元素的吸收与土壤湿度有关，过湿和过干都影响到梨树对硼元素的吸收。因此，在干旱贫瘠的山坡地和低洼易涝地处容易发生缩果病。

（2）防治方法

①适当的肥水管理，干旱年份注意及时浇水，低洼地注意及时排涝。

②叶面喷硼元素。对有缺硼症状的单株，从幼果期开始，均隔7～10天喷施300倍硼酸溶液，连喷2～3次，一般能收到较好防治效果。也可以结合春季施肥，根据植株的大小，单株根施100～300克硼砂。

二、梨树的生理性病害

1. 缺　硼

(1) 症　状

梨果实表面形成凹陷病斑，病斑皮下组织木栓化，果实“疙瘩状”。

(2) 发病原因

梨园土壤中缺乏硼元素的供应。

(3) 防治方法

①结合施基肥，每株梨树用100～200克硼砂与农家肥混拌施入土中。

②幼果期进行叶面喷硼（0.2%的硼砂水溶液），每隔10天，连续喷2次。

2. 缺　铁

(1) 症　状

叶片失绿黄化，但叶脉保持绿色。

(2) 发病原因

土壤中缺乏铁的供给，尤其是土壤黏重，铁的移动受阻，症状更明显。

(3) 防治方法

叶片喷0.2%的硫酸亚铁、柠檬酸铁或黄腐酸铁，每隔10天1次，连喷2次。

3. 缺　锌

(1) 症　状

梨树的缺锌症状与其他果树的缺锌一样，明显是梨叶的小叶黄化。

(2) 发病原因

土壤黏重，锌元素供应不足导致缺锌。

有机肥供给不足，而磷钾肥施用过量，形成元素的拮抗缺锌。

(3) 防治方法

①改良土壤，增施有机肥。

②萌芽前喷布0.2%硫酸锌。

三、云南梨树的主要虫害种类及防治技术

1. 梨小食性虫

(1) 症 状

梨小食性虫又名梨小，属鳞翅目，是梨树的主要害虫。我国各梨产区都有发生。梨小主要危害梨、苹果、桃、杏、樱桃等果树，桃和梨毗连的果园发生更加严重。幼虫从梨梗洼处蛀入，果心及虫孔周围常变黑腐烂。

(2) 形态特征

幼虫白色，体长约1.5毫米，头和前胸背板褐色，老熟幼虫桃红色，体长10~14毫米，头褐色，前胸背板黄白色。成虫体长4.6~6.6毫米，体灰褐色，前翅前缘有10组白色斜纹。

(3) 发生规律

梨小食心虫在我国各地的发生代数因气候差异而发生的世代不同。梨小有转主危害习性，在云南的大部分地区，一、二代幼虫主要危害桃梢，第三、四代幼虫主要危害梨果。以老熟幼虫在枝干裂皮缝隙、树洞和主干根颈周围的土壤结茧越冬，第二年春季开始化蛹，发生时期很不整齐。云南3月桃梢10厘米时就发现有危害，4月份有部分果实上见虫卵。

(4) 防治方法

①冬季刮老树皮，翻挖树盘土壤，消灭越冬幼虫。

②春季剪掉梨小危害的桃梢。

③受害严重的果园于5月份进行梨果套袋。

④成虫发生期利用梨小性诱剂诱杀成虫，同时进行测报，根据虫害高峰期喷药剂防治，药剂有30%桃小灵1500～2000倍液，20%速灭杀丁1000～1500倍液，25%功夫菊酯1500～2000倍液，1.8%阿维虫清2500～3000倍液，25%灭幼脲3号2000～2500倍液。每隔15天交替使用。

2. 梨二叉蚜

（1）症　状

梨二叉蚜又名梨蚜，属同翅目，是梨树的主要害虫。全国各梨区都有分布。以成虫、幼虫群居叶片正面危害，受害叶片向正面纵向卷曲呈筒状，被蚜虫危害后大都不能再伸展开。

（2）发生规律

梨蚜一年发生10多代，以卵在梨树芽腋或小枝皮缝中越冬，梨花萌动时孵化为若蚜，危害嫩叶片纵卷成筒状，半个月左右开始出现有翅蚜，5～6月间转移到其他寄主上危害，秋季9～10月间产生有翅蚜返回梨树上危害，11月份交尾产卵于枝条皮缝和芽苞间越冬。

（3）防治方法

①在发生数量不太大时，早期摘除被害叶，集中烧毁。

②抓好开花前喷药防治。此期越冬卵全部孵化，喷药效果最佳，用1.8%阿维虫清4000～5000倍液，20%速灭杀丁1000～1500倍。

③保护利用天敌。

3. 梨木虱

（1）症　状

梨木虱以冬型成虫在落叶、杂草、土石缝隙及树皮缝内越冬，在早春2～3月份出蛰，3月中旬为出蛰盛期。在梨树萌芽前即开始产卵于枝叶痕处，发芽展叶期将卵产于幼嫩组织茸毛内，叶片主脉沟内等处。若虫多群集危害，分泌黏液，雨季到来，黏液招致杂菌，发生霉变，致使叶片产生褐斑并坏死，果实上形成锈斑。

(2) 形态特征

梨木虱成虫有冬型和夏型两种；虫体长2.3~3.2毫米，复眼红色，触角顶端黑色。冬型成虫黑褐色，背部条纹红黄色，前翅透明；夏型成虫黄褐色，背部条纹黄色，前翅淡黄色。若虫扁椭圆形，淡黄色，卵长圆形，有细柄，越冬代成虫产卵黄色，夏季卵乳白色。

(3) 防治方法

①结合秋施基肥，彻底清除树下的枯枝落叶杂草，刮老树皮，消灭越冬成虫。

②梨木虱有两个最佳用药时期，一是在3月中旬越冬成虫出蛰期，喷洒菊酯类药剂1000~2000倍液，控制成虫基数；二是第一代若虫孵化期，可用螨克、吡虫啉、齐螨素防治。

4. 梨黄粉蚜

(1) 症 状

梨黄粉蚜又名梨黄粉虫、梨瘤蚜，属同翅目，瘤蚜科。只危害梨，在全国各梨产区都有分布，主要以成虫和若虫集中在梨果萼洼处取食危害，也有在其他部位危害的。梨果受害后初时产生黄斑并稍下陷，后虫斑周缘产生褐色晕圈而产生黑色大斑点，萼洼处受害后，黑斑形成龟裂的大黑疤，失去商品价值。

(2) 发生规律

以卵在枝条皮缝、果台等处越冬。梨树开花时越冬卵开始孵化，若虫在的嫩组织上取食汁液，并进一步繁殖。随着数量的增加和代数的累积，若虫的取食范围也逐渐扩大。6月上中旬向果实转移，集中在果实萼洼处危害，虫量增加，则在果面危害，果实近成熟期达到危害高峰，果面能见堆状黄色粉状物堆积在果面，9月开始出现有性蚜，转移到果台、树皮缝等处产卵越冬；

套袋不当，黄粉蚜入袋后，繁殖快，造成的危害也更加严重。

（3）防治方法

结合冬剪，刮除树上的老翘皮，消灭越冬虫卵。发芽前喷5度石硫合剂，发生期可用50%敌敌畏800～1500倍液，10%吡虫啉（一遍净）3000～5000倍液。20%速灭杀丁1000～1500倍液。

5. 刺蛾类

（1）症　状

危害梨树的刺蛾有黄刺蛾、扁刺蛾，刺蛾危害均以幼虫取食叶片为主要特征，严重时能把全树叶片食光，尤其是幼树。

（2）发生规律

刺蛾类的成虫为蛾子，一般一年发生1代，以幼虫在树下土壤中结茧越冬。第二年5月化蛹，6月羽化为成虫，7～8月危害严重。以后老熟幼虫结茧越冬。

（3）防治方法

梨园发现刺蛾时可用人工摘除带虫叶片，集中销毁。用杀虫灯诱杀成虫，低龄幼虫期用杀虫剂喷布。

6. 梨圆蚧

（1）症　状

梨圆蚧食性较杂，危害多种果树和林木。果树中，梨、苹果、枣受害较重。以若虫，雌成虫刺吸枝、叶，轻则造成树势早衰，重则造成枝条枯死，我国果产区大都有分布，被列为国际检疫对象。

（2）形态特征

梨圆蚧雌成虫扁圆形，黄色，眼及足退化；体被灰色圆形介壳，直径约1.7毫米，中央隆起，顶黄色或褐色，表面有轮纹；雄成虫有1对翅，雄介壳长椭圆形，比雌虫小，初孵若虫体长约0.2毫米，扁椭圆形，橙黄色。

(3) 发生规律

梨圆蚧以2龄若虫在枝条上越冬，次年梨树芽萌动时，越冬若虫开始危害，并蜕皮为3龄，雌雄分化，5月雄虫羽化为成虫，雄成虫与雌成虫交配后死亡，交尾后的雌成虫在介壳下胎生若虫。

(4) 防治方法

①春季梨树发芽前树上喷布5%重柴油乳剂或波美4~5度石硫合剂，消灭越冬若虫。

②发现介壳虫时要及时剪除危害严重的枝条并烧毁，控制虫口数量。

③要注意检疫从外地引入的苗木和接穗。

④若虫的新介壳尚未形成之前，喷药杀虫效果好。可喷布40%氧化乐果乳剂1000倍液；80%敌敌畏乳油1000~1500倍液。

7. **康氏粉蚧**

(1) 症　状

康氏粉蚧属于同翅目，在云南的一些果园中发生较重，并且随着套袋的应用有逐年上升的趋势。

康氏粉蚧食性杂，除危害梨树外，还可危害苹果和桃、柿等多种果树。成虫和若虫均可危害，以刺吸式口器吸食植物嫩芽、嫩叶、新梢、果实或根系的汁液。果实受害后，出现畸形，并导致霉污，影响果实外观品质，枝条受害严重会导致枯死。该虫在套袋栽培中比无袋栽培中发生严重，是近年来套袋梨园的主要害虫。

(2) 形态特征

雌成虫体长3~5毫米，扁平，成椭圆形，粉红色，外被白色蜡粉，卵椭圆形，长0.3~0.4毫米，产于白絮状卵囊内，其外部形态与苹果棉蚜白色絮状物极为相似。

(3) 发生规律

该虫一年发生 2～3 代，以卵在被害树干、粗皮裂缝、土块缝隙及其他隐蔽场所越冬。第二年梨树发芽时，越冬卵孵化为若虫；吸食植物的幼嫩组织。产卵的部位是枝干的粗皮裂缝、果实萼洼与梗洼等处。

康氏粉蚧的天敌有草蛉、瓢虫等，天敌对抑制康氏粉蚧的发生有一定作用。

(4) 防治方法

①冬春季节刮树皮，剪除有虫枝条，消灭越冬卵。

②保护利用自然天敌或人工饲养、释放草蛉和瓢虫等捕食性天敌，可有效抑制康氏粉蚧的发生。

③早春梨树萌芽前，彻底喷布 1 次波美 5 度的石硫合剂，喷布时加入 0.3% 的洗衣粉，对防治越冬卵具有很好的效果。

④晚秋雌虫产卵前，在树干上绑草把或其他物品，诱集雌虫在其中产卵至冬季或春季卵孵化前，将草把等物取下烧毁，消灭虫卵。

⑤康氏粉蚧在套袋梨园的发生越来越严重。因此，务必在套袋前彻底喷布 1 次杀虫药剂，将该害虫杀死，防止将该害虫套入纸袋内。

8. 梨椿象类

(1) 症　状

椿象是全国普遍发生的一种果树害虫。以成虫和若虫刺吸梨果实、叶和新梢的汁液危害。叶和新梢被害后症状不明显；果实被害后，受害处木栓化，发育停止而形成凹陷，果肉变硬，味苦，形成疙瘩梨。在我国危害果实的椿象主要有茶翅蝽、黄斑蝽、斑翅蝽。

(2) 发生规律

椿象以成虫在梨园附近各种建筑物的缝隙、树洞、土缝、石缝等处越冬。5 月上旬越冬成虫开始出蛰活动，6 月初开始产卵于叶背，卵及初孵幼虫均集中在叶片背面，6 月中下旬为第 2 代若虫危害期，9 月初开始寻找越冬场所越冬。

(3) 防治方法

①人工捕杀：成虫越冬前和出蛰期爬行缓慢，可于此时进行人工捕杀；成虫产卵后和若虫初孵期有群集的特性，结合田间作业，可人工摘除并销毁。

②果实套袋。

③化学药剂使用，利用杀虫剂在低龄若虫期防治。

9. 梨潜皮蛾

(1) 症　状

梨潜皮蛾又名串皮虫、梨潜皮细蛾，属鳞翅目，在云南各地均有发生。危害梨、苹果、核桃、板栗等多种果树。以幼虫潜入枝条表皮层下串食危害，初蛀为线状弯曲的隧道，后隧道汇合成片，致使表皮枯死爆裂翘起，可导致梨树枯死。

(2) 形态特征

潜皮蛾成虫体长 4～5 毫米，银白色，触角丝状，胸背生有褐色磷片，前翅被针形银白色，后翅狭长灰褐色，前后翅缘毛极长。卵为水青色半透明椭圆形，具网纹，乳白色。初龄幼虫体扁平乳白，头黄褐色呈扇三角形，胸部较腹部宽大，老龄幼虫体长 7～9 毫米，体圆筒形稍扁。蛹体长为 5～6 毫米，浅黄色。

(3) 发生规律

潜皮蛾每年发生 2 代，以幼虫在被害枝干表皮下越冬，果树萌芽后开始活动。5 月幼虫老熟，并在潜皮下作茧化蛹，6 月中、下旬羽化为成虫并产卵，7 月第一代幼虫危害，8 月出现第一代成虫并产卵，9 月发生第二代幼虫并越冬。

(4) 防治方法

①捕杀幼虫；春秋结合刮皮，挖幼虫消灭。

②利用杀虫灯诱杀成虫。

③在成虫羽化期喷：2.5%功夫、20%速灭杀丁、2.5%溴氰菊酯1500～2000倍液。

10. 梨金龟子类

(1) 症　状

金龟子类广泛分布于我国主要梨区，除危害梨树外，还危害苹果、桃和杏等果树。它不仅能咬食树体的嫩叶和嫩芽，还喜食近成熟的果实。危害梨树的金龟子类有白星花金龟子、苹毛金龟子、铜绿丽金龟子、黑绒金龟子。

(2) 发生规律

金龟子一年发生1代，以幼虫或成虫潜伏在土壤内越冬，第二年第一场透雨后出土活动，常数头或数十头集聚梨树叶，果实的伤口上或树干的烂皮上进行取食，成虫有假死习性。

(3) 防治方法

①在第一场透雨后的黄昏，树盘上喷洒农药，幼树则在叶片上喷杀虫剂。

②诱杀成虫，利用成虫的趋光性，进行灯光诱杀。

③有机肥与农药混拌杀灭土壤中的幼虫或成虫。

第九章　梨树的无公害化栽培

一、无公害果品的概念

广义上的无公害果品是指优质、洁净、有毒有害物质在安全标准之下的果品，狭义上的无公害果品是指在无污染的环境条件下栽培果树，在果树的生产管理中，不施或少施农药和激素类化学物质，生产的果品不含农药残留及其他有害成分。

二、梨果实污染的原因

造成梨果实污染的原因有三个：一是梨树栽培在空气受污染的环境中；二是栽培梨树的土壤或灌溉水受到污染；三是梨果生产中受到农药的污染。

空气污染是指空气中的有害气体及粉尘，要防止空气对梨果实的污染，梨园选择时就要选择环境质量符合国家标准要求的地区建园。

土壤污染是指梨树栽培的灌溉水受到污染，土壤的重金属含量超过国家标准，因施肥、用药不当造成的土壤污染。

梨果实的农药污染是梨果实生产过程中因使用农药不当造成梨果实上的农药含量超过国家标准。

三、梨无公害生产技术

1. 生产无公害梨的环境要求

（1）无公害梨生产对空气条件的要求

①无公害梨的空气环境质量标准。

表9－1　　无公害水果生产对空气环境的要求

主要污染物	日平均	1h平均
总悬浮颗粒物，mg/m³≤	0.30	-
二氧化硫，mg/m³≤	0.15	0.50
氮氧化物 mg/m³≤	0.12	0.24
氟化物，μg/dm³·d≤月平均	7	
铅（标准状态），μg/m³≤季平均	1.5	季平均

表9－2　绿色食品及有机农业生产的大气环境质量要求

污染物名称	日平均		任何一次		每日平均1h平均	
	绿色食品	有机农业	绿色食品	有机农业	绿色食品	有机农业
二氧化硫 mg/m³	0.15	0.05	-0.10		0.02 -	
氟 μg/dm³·d	1.8 -	-	-	-	-	
氮氧化物 mg/m³	0.1	0.05	-0.10		-	-
总悬浮颗粒物 mg/m³	0.3		-		-	-
飘尘 mg/m³	0.05		-0.15		-	-
一氧化碳 mg/m³	-4.0		-		1 -	
光化学氧化剂 mg/m³	-	-	-	-	-0.12	

注：1. 中华人民共和国农业行业标准 NJ/T391－2000

2. 国家环境保护局，有机（天然）食品生产和加工技术规范，1995

②大气环境的选择与控制。

无公害梨生产基地要选择远离繁华城市、工矿区和公路、铁路干线，避开工业、交通和城市污染源的影响；即使在农村也要远离小煤矿、小砖场，特别是基地的上风口不得有有害气体排放。

（2）无公害梨基地的土壤环境标准及土壤指标

①对土壤环境要求。

表 9－3　　**土壤环境质量标准** mg/kg

项目	一级	二级	三级
	自然背景	<6.5　6.5～7.5　>7.5	>6.5
镉≤	0.20	0.30　0.3　0.6	1
汞≤	0.15	0.30　0.5　1.0	1.5
砷(水田)≤	15	30　25　20	30
砷(旱田)≤	15	40　30　25	40
铜(农田)≤	35	50　100　100	400
铜(果园)≤	－	150　200　200	400
铅≤	35	250　300　350	500
铬(水田)≤	90	250　300　350	400
铬(旱田)≤	90	150　200　250	300
锌≤	100	200　250　300	500
镍≤	40	40　50　60	200
六六六≤	0.05	0.5	1
滴滴涕≤	0.5	0.5	1

表9-4 无公害果品生产基地对土壤污染物的限量要求

pH 值项目	6.5	6.5~7.5	7.5
总镉 mg/kg≤	0.3	0.3	0.6
总汞 mg/kg≤	0.3	0.5	1.0
总砷 mg/kg≤	40	30	25
总铅 mg/kg≤	250	300	350
总铬 mg/kg≤	150	200	250
六六六 mg/kg≤	0.5	0.5	0.5
滴滴涕 mg/kg≤	0.5	0.5	0.5

②无公害水果基地的灌溉水质量标准。

表9-5 无公害水果生产灌溉水质量要求

项目	指标	项目	指标
pH 值	5.5~8.5	总砷 mg/L≤	0.1
氯化物 mg/L≤	250	总铅 mg/L≤	0.1
氰化物 mg/L≤	0.5	总镉 mg/L≤	0.005
氟化物 mg/L≤	3.0	六价铬 mg/L≤	0.1
总汞 mg/kg≤	0.001	石油类 mg/L≤	10

2. 无公害梨生产的化肥使用技术

(1) 肥料的选择和使用原则

在禁止使用硝态氮肥的前提下，可按如下两条原则使用化肥，一是化肥必须与有机肥配合使用，有机氮与无机氮之比为

1∶1。大体掌握1000千克厩肥加尿素20千克；二是化肥也可与有机肥，复合微生物肥配合使用，最后一次追肥必须在采收前30天完成。

（2）允许使用的肥料种类

①农家肥料。就地使用各种有机肥，禁无害化处理，符合产地用法卫生标准的堆肥、厩肥、沤肥、沼气肥、饼肥、绿肥、作物秸秆等。注意：饼肥、人粪尿均要进行腐熟。

②微生物肥。指用特定微生物菌种培养，如根瘤菌、固氮菌、磷细菌、硅酸盐细菌、复合菌。

③腐植酸类肥料。如泥炭、褐煤、风化煤。

④有机复合肥。

⑤无机肥。如矿物钾肥、硫酸钾、矿物磷肥（磷矿粉）、钙镁磷肥、石灰石（酸性土壤）、粉状磷肥（碱性土壤用）。

⑥叶面肥。如微量元素肥。

⑦选用无机肥料中的煅烧磷酸盐、硫酸钾。

煅烧磷酸盐中有效五氧化二磷的含量大于12%，每1%的五氧化二磷中杂质砷，镉，铅的含量不超过0.0004%、0.01%和0.002%。硫酸钾要求氧化钾含量达50%，每1%的氧化钾，杂质砷、氯、硫酸的含量分别不超过0.004%、3%和0.5%。

（3）限制使用化学肥料

无公害水果生产并不是不使用化学肥料，允许限量使用尿素、碳酸氢氨、硫酸铵、磷肥、钾肥及硼、锌等微肥。

禁用硝态氮肥。慎用城市的生活垃圾，城市中的工业垃圾等是严禁用于无公害水果生产的，但生活垃圾进行无公害处理后，可限量地用于果树生产。

3. 无公害梨生产的农药选择

（1）禁止使用的农药

表 9-6　果品生产中禁止使用的农药

种类	农药名称
杀菌剂	
有机砷	甲基砷酸锌、甲基砷酸铁铵、福美甲砷、福美砷
有机锡	三苯基醋酸锡、三苯基氯化锡
有机汞	氯化乙基汞（西力生）、醋酸苯汞（赛力散）
氟制剂	氟化钙、氟化钠、氟乙酸钠、氟铝酸钠、氟硅酸钠
卤代烷类熏蒸	二溴乙烷、二溴氯丙烷
杀虫剂	
有机磷	甲拌磷、乙拌磷、久效磷、对硫磷、甲胺磷、甲基异硫磷、氧化乐果、磷胺
氨基甲酸酯	克百威、涕灭威、灭多威
有机氯	滴滴涕、涕灭威、灭多威
无机砷	砷酸钙、砷酸铅
二甲基甲脒类	杀虫脒
有机氯杀螨剂	三氯杀螨醇
取代苯类杀虫剂	五氯硝基苯、五氯苯甲醇
二苯醚类除草剂	除草醚、草枯醚

(2) 允许使用的农药

①生物农药。防治真菌：灭瘟素、春雷霉素、多抗霉素、井冈霉素、农抗 120、中生菌素；防治螨类：浏阳霉素、华光霉素；活体微生物农药：蜡蚧轮枝菌、苏云金杆菌、蜡质芽孢杆菌。

②动物源农药。如昆虫激素。

③植物源农药。杀虫剂、除虫菊素、烟碱、植物油、鱼藤酮；杀菌剂（大蒜素）；拒避剂（印楝素）；增效剂（芝麻素）。

④矿物源农药。硫制剂：硫悬浮剂、可湿性硫、石硫合剂；铜制剂：硫酸铜、氢氧化铜、波尔多液；矿物油乳类：柴油乳剂。

⑤有机合成农药。

(3) 果品生产中限制使用的农药

表 9－7　果品生产中限制使用的农药

农药名称	最后施用距采收间隔时期（天）
乐果、杀螟硫磷、辛硫磷、溴氰菊酯、氰戊菊酯、除虫脲	30
双甲脒、塞螨酮、克螨特	40
百菌清	30
异菌脲	20
粉锈宁	10

4. 无公害水果生产的农药使用技术

(1) 杀虫剂

①阿维菌素。也叫齐螨素，商品名海正灭虫灵、7051 杀虫素、爱福丁、阿巴丁、虫螨克。

特点：农用抗生类杀虫，杀螨剂，属昆虫的神经毒剂，通过干扰昆虫的神经生理活动使其麻痹而死，具有触杀和胃毒作用，无内吸性，但渗透性强。

防治对象：蚜虫，红蜘蛛，梨木虱。

实例：梨木虱，1.8% 爱福丁乳眼油 2000～3000 倍。

螨类和蚜虫，1.8% 爱福丁乳眼油 4000～5000 倍。

食心虫，刺蛾，2000～4000 倍。

②浏阳霉素。

特点：农用抗生类杀螨剂，属高效低毒农药，对天敌较安全，触杀，药直接喷在螨体上效高。

防治对象：螨类、蚜虫。

实例：用1000～1500倍10%浏阳霉素在螨类各时期用。

可与多种杀虫剂、杀菌剂混用，但与波尔多等碱性农药混用时，要随配随用。

③华光霉素。

特点：属农用抗生素，具高效、低毒、低残留，对植物无药害。

防治对象：杀螨、杀真菌。

在螨类初发期2.5%华光霉素400～600倍。喷药要均匀周到，现配现用不与碱性农药混用。药效缓慢，应在害螨初期使用。

④苏云金杆菌。

特点：细菌性杀虫剂，能产生内外两种毒素，主要是胃毒，对作物无药害，不杀天敌。

防治：防治刺蛾、尺蠖、毒蛾、天幕毛虫等多种鳞翅目害虫。

苏云金杆菌杀虫效果缓慢，用药时间要提前，不能与内吸性杀虫剂、杀菌剂混用。对刺吸式害虫无效。

⑤白僵菌。

特点：白僵菌是一种真菌性杀虫剂，对人无毒，对果树安全，但对蚕有害。

防治对象：防蛀果蛾类、刺蛾、卷叶蛾、天牛。白僵菌需要在适宜的温湿条件下，气温24～28℃，湿度90%，才能使害虫致病。防桃蛀果蛾，每亩用2千克加48%的乐斯本0.15千克，兑水75千克，喷洒后覆草，害虫僵死率达85%。

⑥烟碱。

是烟草提取物，主要是触杀作用，也有熏蒸作用。对刚孵化的卵效果好。

防治果树蚜虫、叶螨、叶蝉、卷烟蛾、食心虫、潜叶蛾。40% 烟碱 800 ~ 1000 倍喷雾，烟碱对人有毒，要注意防护。

⑦苦参碱。

苦参碱是苦参的提取物，属神经性毒剂，广谱性，有触杀和胃毒杀的作用。无内吸性，喷药时要均匀周到，不能与碱性农药混用。

主要用于防治鳞翅目低龄幼虫和低龄螨类害虫。

0.2% ~ 0.3% 水剂 600 ~ 800 倍。

⑧灭幼脲。

灭幼脲是一种昆虫生长调节剂，属特异性杀虫剂，害虫食用后使幼虫不能蜕皮而失望。对鳞翅目和双翅目有特效，不杀成虫，毒性低，药效慢。

细蛾、刺蛾、天幕毛虫、舞毒蛾、梨食心虫用 25% 灭幼脲，在成虫产卵初期，幼虫蛀果前，用 1500 倍喷，效果好，若与其他杀虫剂混用有更好的效果，灭幼脲残效期 25 ~ 20 天，且耐雨水冲刷。

⑨扑虱灵（优乐得、噻嗪酮、环烷脲）。

是选择性昆虫生长调节剂，干扰昆虫的新陈代谢，使幼虫若虫不能形成新皮，不杀成虫，但能抑制产卵，药效慢但持续时间长。对介壳虫、粉虱、飞虱、叶蝉有特效。

苹果、梨、桃介壳虫可在幼若虫期，喷 1500 ~ 2000 倍液，木虱、粉虱用 2000 ~ 3000 倍。

⑩吡虫啉（蚜虱净、康复多）。

新一代尼古丁杀虫剂，高效、低毒、低残留，对人畜、植物和天敌安全，有触杀胃毒和内吸多重功效，药效和湿度成正相关。

主要防治刺吸式昆虫，绣线菊蚜、苹果瘤蚜、桃蚜、梨木虱、卷叶蛾用10%吡虫啉2000～3000倍喷。吡虫啉不能与碱性农药混用，采收前20天停用。

⑪抗蚜威。

是一种专向杀蚜剂，对害虫有触杀和熏蒸作用并能渗透到叶背。对畜毒性中等，对天敌低毒。

杀多种蚜虫，可与多种杀虫剂、杀菌剂混用。

⑫尼索朗（噻螨酮）。

是一种专用杀螨剂，有触杀和胃毒作用。无内吸性耐雨水冲刷，不杀成螨，对螨卵和幼若螨的杀伤力强，对人畜低毒，对蜜蜂及天敌安全，可与多种杀虫剂混用，与波尔多液、石硫合剂混用。

⑬辛硫磷。

是一种广谱、低毒、低残留有机磷杀虫剂。对鳞翅目害虫和土壤害虫防治效果好，对害虫以触杀为主，对畜毒性低，对鱼、蜜蜂、天敌高毒，要注意。叶片残留短，土壤中残留可达30天，但能被土壤微生物分解，无残留。

防治食心虫、见叶蛾、潜叶蛾、毛虫、刺蛾、叶蝉、飞虱、蚜虫。防桃蛀果虫可在幼虫出土期在树盘下喷洒后浅锄，避免在强光下使用。

⑭机油乳剂。

95%的机油加5%的乳化剂，机油不溶于水，经乳化后可直接加水使用，喷在虫体表面形成油膜，封闭气孔。

在果树芽萌动期用95%的机油乳剂80～100倍可防螨类、梨圆蚧。在桃芽萌动后用100～150倍可防蚜虫及介壳虫。

⑮加德士敌死虫。

是矿物源杀虫剂，作用机理与机油乳剂相同。

螨类、蚜虫类、介壳虫类，浓度为200～300倍，可与大多数杀虫杀菌剂混用。

（2）杀菌剂

①多氧霉素（宝丽安、多效霉素、宝利霉素）。

农用抗生素类杀菌剂，低毒，无残留，对环境不污染，对天敌安全。

落叶病、霉心病、轮纹病、黑心病、灰霉病。

发病初期和盛期喷 1000～1500 倍，间隔 10 天。最好与波尔多液及石硫合剂交替使用。

②多抗 120。

农用抗生素类杀菌剂。

白粉病、炭疽病、腐烂病可用涂抹。

③井冈霉素（有效霉素）。

是水溶性抗生素，高效低毒杀菌剂，耐雨水冲。

轮纹病、桃褐斑病、缩叶病。

④农用链霉素。

是放线菌产生的代谢产物，广谱，特别对细菌性病害效果较好，内吸作用。

苹果、梨疫病，在发病初期用 500～1000 倍喷雾或灌根。防治桃树细菌性黑斑病，可在落花后、展叶期、幼果期喷 1500 倍，核果类细菌性穿孔病用 1000 倍，展叶后每 10 天 1 次，连续 3 次。

⑤中生菌素（农抗 750）。

农用抗生素杀菌剂。

落叶病、轮纹病、炭疽病用 200～300 倍，不与碱性农药混用。

⑥菌毒清（安索菌毒清）。

是氨基酸类内吸性杀菌剂。杀菌机理是凝固病菌蛋白质，破坏细胞膜，有良好的渗透性。

真菌、细菌、病毒。

苹果树腐烂病用30倍涂抹2次，也可在萌芽前喷100倍可产除腐烂病、干腐病、桃流胶病，对镰刀菌产生的根病，可在春季和7月分别用200倍灌根。葡萄黑痘病用1000倍在展叶及幼果期，葡萄霜霉病、白腐病、炭疽病在发病初期用500倍，每隔10天效果好。

⑦腐必清（松焦油原液）。

属松焦油，可抑制菌丝扩展及产生孢子。对果树上的病菌有较好的预防及防除作用。

果树枝干腐烂病在早春及落叶后2~3倍涂抹伤口。严重果园用50倍喷。要远离火源。

⑧843康复剂。

腐植酸、中药和化学药剂组成的杀菌剂。

各种树干腐烂病。

⑨石硫合剂。

⑩波尔多液。

⑪代森锰锌（大生）。

代森锰和锌离子的络合物。属有机硫类保护性杀菌剂。高效，低毒，广谱。

斑点落叶病、轮纹病、炭疽病、锈病、眉心病、黑心病、穿孔病、霜霉病、黑痘病。

⑫福星。

唑内吸性杀菌剂，有保护作用，作用迅速，耐雨水冲刷。

斑点落叶病、轮纹病、炭疽病、锈病、霜霉病、黑痘病。

10天左右用1次药，要与其他药剂交替使用。

⑬甲基托布津。

有机杂环类内吸性杀菌剂，兼有保护和治疗作用，被植物吸收后转化成多菌灵，高效、安全、广谱。

不能与碱性农药和含铜制剂混用，避免单一使用，要与其他药剂交替使用，但不与多菌灵交替使用。

⑭多菌灵（同甲基托布津）。

⑮扑海因。

有机杂环类广谱杀菌剂。

斑点落叶病、轮纹病、霜霉病、黑痘病。

⑯粉锈宁（三唑酮）。

高效、内吸性三唑类杀菌剂。

锈病、百粉病、黑星病、花腐病。1000～1500倍。

⑰百菌清。

是取代苯类的非内吸性广谱杀菌剂，对人畜低毒，对鱼类毒性大。轮纹病、炭疽病、百粉病、黑星病、黑痘病。600～800倍。

5. 无公害梨病虫综合防治

（1）植物检疫

严格进行植物检疫。

（2）农业综合防治

①选用抗病品种。

②耕作轮作。

③培育无毒壮苗。

④加强管理提高梨树抗性。

⑤清洁果园，消除病虫源。

a. 刮树皮。

b. 树干涂白。

⑥生物防治。

⑦物理防治。

a. 利用昆虫趋光性，诱杀成虫。

b. 用黑光灯，糖醋液诱杀成虫。

c. 利用扎草诱杀成虫。

d. 用白灰虱、蚜虫趋黄特性，在设施内设置黄油板、黄水盆诱杀成虫。

e. 利用银色薄膜避蚜。

f. 果实套袋防虫网的使用。

g. 覆盖地膜。

h. 人工捕杀。

第十章　梨果实的采收及采后处理

一、梨果的采收

梨果实的采收是梨果生产的最后一个环节，提前采收梨果不能达到品种最佳的品质表现，采收过晚则梨果的耐贮性差，梨果采收看似简单，但采收的好坏对梨树效益的影响很大，应引起重视。

1. 采收期的确定

果实的采收期由果实的成熟度决定，果树学上把果实的成熟度分为三级：

(1) 可采成熟度

果实基本成熟，但品种的内外品质还未达到最佳表现，若要长期贮存，可在可采成熟度时采收。

(2) 食用成熟度

采收果实的品质达到最佳表现，上市销售或短期贮存可在食用成熟度时采收。

(3) 生理成熟度

果实生理上表现成熟，但果实的的食用品质下降或失去。果实适宜的采收期不应超过食用成熟度。

2. 采收技术

梨果实皮薄，水分含量较大，一般都采用人工采收方法，采果筐内垫柔软的材料，采收时要轻拿轻放，防止擦伤、碰伤，要保留完整的果柄，采收作业时要从下到上，从外向内采收，防止折断树枝，碰掉花芽和叶片。

二、梨果的采后处理

梨果实采收后要进行商品化处理。商品化处理称为采后处理，主要包括梨果的分级，梨果的包装。

1. 梨果的分级

梨果的分级是梨果商品化处理的首要工作，通过分级，才能实现梨果销售的标准化。梨果的分级要按照国家标准及行业标准进行，我国农业部颁布的鲜梨外观标准如表10－1。

表10－1　中国农业部颁布的鲜梨外观标准

指标项目	优等品	一等品	二等品
果型	果型端正,具有本品种固有特征,果梗完整	果型正常,允许有轻微缺陷,具有本品种固有特征,果梗完整	允许有轻微缺陷,仍保持品种固有特征,果梗完整,不得有偏缺过大的畸形果
色泽	具有本品种成熟时应有的色泽	具有本品种成熟时应有的色泽	具有本品种成熟时应有的色泽,允许有色泽较差
果实横径（毫米）	特大型果≥70 大型果60 中型果60 小型果55	65 60 55 50	60 55 50 50
果面缺陷	基本无缺陷,允许下列不影响外观和品质的轻微缺陷不超过两项	允许下列规定的缺陷不超过3项	允许下列规定的缺陷不超过3项

续表 10－1

指标项目	优等品	一等品	二等品
碰压伤	允许有轻微 1 处,面积不超过 0.5 平方厘米,不得变褐	允许有轻微 2 处,总面积不超过 1 平方厘米,不得变褐	允许有轻微 3 处,总面积不超过 2 平方厘米,每处不超过 1 平方厘米,不得变褐
刺伤,破皮划伤	不允许	不允许	不允许
磨伤(枝伤叶磨)	允许轻微磨伤,面积不超过果面的 1/12。巴梨,秋白梨 1/8	允许轻微磨伤,面积不超过果面的 1/6。巴梨,秋白梨 1/8	允许轻微磨伤,面积不超过果面的 1/4
水锈,药斑	允许轻微薄层,面积不超过果面的 1/12	允许轻微薄层,面积不超过果面的 1/8	允许轻微薄层,面积不超过果面的 1/4
日灼	不允许	允许桃红色或稍微发白者不超过 0.1 平方厘米	允许轻微日灼伤,总面积不超过 3 平方厘米,但不得有肿泡、裂开或伤部果肉变软
雹伤	不允许	允许有有轻微 1 处,不超过 0.5 平方厘米	允许有有轻微 2 处,不超过 2 平方厘米
虫伤	不允许	允许干枯虫伤 2 处,总面积不超过 0.2 平方厘米	干枯虫伤处数不限,总面积不超过 1 平方厘米
病害	不允许	不允许	不允许
食心虫	不允许	不允许	不允许

梨果的分级方法有手工分级和机械分级。手工分级是目前我国广大梨果主产区常用的方法，果实大小以横径为标准，用分级板分级。

机械分级效率和精确度均高，但投资大。

2. 梨果实的包装

梨果实的包装是梨果商品化处理不可缺少的重要环节，包装可以保护果实，便于贮藏、运输和销售，通过分级可提高果实的商品价值。

梨果实的包装箱以纸箱为主，也可用钙塑瓦楞箱包装，包装箱的设计要考虑到不同国家、不同消费群体的消费要求进行。体积不宜过大，礼品箱式的包装较适宜当前市场的需要。

第十一章　宝珠梨的优质丰产栽培技术

宝珠梨属于沙梨系统，原产云南省呈贡、晋宁一带，在大理栽培，称为大理雪梨。云南元江、石屏山区及四川会理、西昌等地均有栽培，因老树种于宝珠寺内，因而得名。

宝珠梨，树势强健而丰产。果为短椭圆形或扁圆形，单果重一般250克左右，最大的近500克，果皮浅黄绿色、果点大，果梗肉质粗短（2.5~3厘米），萼片脱落或残存，肉质脆而细致，汁多味浓甜、微香，含可溶性固形物10.5%~14%，品质中上等。

宝珠梨在呈贡有两种类型：一为果梗细长，果圆形，皮较光滑，肉细汁多，但味稍淡；另一种果梗粗，果实近扁圆形，皮略粗糙，味甜汁多，肉质细嫩，但果实心稍大。昆明地区这种类型栽培较多，特别是呈贡万溪冲、中庄等地。原产地8月中下旬成熟，较耐贮存，可贮至当年底或次年1月。

宝珠梨树冠高大，老树高可达7~14米，枝较直立、树形不开张、近似自然圆头形，分枝较少、新梢粗壮、叶片较大。开始结果年龄稍迟，5~6年开始结果，15~18年进入盛果期，丰产成年树单株产量可达400~500千克。植株寿命可达100年以上。宝珠梨以短果枝结果为主，中、长枝及腋花芽均可结果，有隔年结果现象，如果重视科学管理，这种隔年结果现象不明显。

一、栽　植

1. 授粉树的配置

实践证明：宝珠梨的授粉树以晋酥梨最佳，另外还有砀山酥梨、锦丰梨、早酥梨、富源黄梨等效果都不错。配置比例以3:1为宜。

2. 栽植时间和密度

（1）栽植时期

以11月落叶后立即栽植为好。此时云南雨季结束不久，土壤墒情较好，有利成活；同时秋植根系伤口早愈合，恢复生长快，次年生长量大。如带叶栽植则对地上部分枝叶要减少一部分，有利于地上部分的平衡，但次年缓苗期较长、生长量不如落叶休眠苗木大。春植可在2月发芽前进行，一定要灌足定根水，如春旱严重时，还需每隔1周灌水1次，连灌3次，以保证提高成活率。

（2）栽植密度

宝珠梨因树冠中等，干性直立，一般株行距以3～3.5米×4米即可。

二、梨园管理

1. 梨园的土、肥、水管理

幼年梨园、果树行间可种植豆科和其他矮秆作物，树盘周围进行中耕翻土。梨园合理间作，不仅能增加经济收益，而且能熟化土壤、提高土壤肥力。云南干湿季节明显，果园间作应遵循间作物不应与果树争肥水为原则，特别是春季土壤较干旱，而这时梨树开花萌芽需要大量水分，所以为了避免间作物和梨树争夺水分，应立即清除间作物，以免影响梨树生长发育。

2. 施肥、灌溉

（1）施肥方法

①基肥

一般在采果后，落叶前进行。这时土温较高、树体又在活动时期，有利于根系愈合生长。秋施基肥对恢复树势、加强同化作用、增强树体营养贮备、提高坐果率有显著作用。

②追肥

梨在一年中，不同时期对主要元素的吸收量不同。以氮来说，全年最高吸收量在新梢、叶片和幼果的生长期，即4~5月；钾的吸收，基本上与氮相同，不过第二次果实膨大期（7~8月）的吸收量较氮为高；而磷的吸收量较钾为少，且各生长期比较均匀。

③花前肥

于萌芽后开花前进行，施速效性氮肥。花前肥对提高坐果率、促进枝叶生长和提高叶果比有一定作用。

④壮果肥

于新梢生长后期以后，果实第二次膨大前进行，以施速效氮为主，配合磷、钾肥料。

⑤采前肥

于采果前进行，施速效氮肥，此次施肥为春季萌芽、开花结果作好物质准备。对树势较弱和结果多的树，采果后若不能及时施基肥，还可适当补施速效氮肥，对恢复树势，防止早期落叶有良好作用。

（2）*施肥方法*

①基肥施用方法

宝珠梨的寿命长、根系强大、分布较深远。幼树基肥应采用环状、条沟、扩槽放穴、分层施肥、轮换开沟，每1~2年1次，逐步将果园全部深翻施肥一遍，即可引导根系深入扩展。成年树密植根系已布满全园，宜采取全园施肥，以便于根系全面接触，提高肥效。

②追肥方法

应根据肥料种类、性质，采用放射沟、环状沟或穴施，深约10~15厘米，施后要及时覆土。如土壤水分不足，要结合灌水。追施绿肥应挖40~50厘米深的穴施入。

根外施肥：目前已普遍采用。特别是4~5月份，是梨树由贮存养分转变到当年同化养分，采用根外追肥，效果更明显。常用浓度：尿素为0.3%～0.5%，人尿为5%～10%，过磷酸钙2%～3%，硼0.2%～0.5%，硫酸亚铁0.5%，锌0.4%～0.5%等。方法上多采用喷雾器喷施。

(3) 灌水和排水

一般讲，梨的抗旱性、耐涝性较强，但需水量大。云南干湿季明显，自然降水的分布与梨树需水的要求程度不一致，而提高产量品质，还应灌水。缺乏灌水条件的梨园，应加强保墒措施，有灌溉条件的梨园，要根据树龄、树势和土壤、气候情况，掌握灌水时间和灌水量。

梨树一年中各个时期对水分的需要是不同的。自萌芽到5月下旬这一时期内正值萌芽、开花、新梢生长的时期。85%以上的叶面积也在此时期形成，树体对养分和水分的需要迫切，在云南此时正是旱季，降水量很少、蒸发量大、气候干旱。因此，不论大树、幼树，不论结果多少，只要有灌溉条件，此时均需灌水。灌水时间一般在萌芽后，开花前、谢花后和落花后，目的是促进营养生长和幼果发育。5月下旬至7月中旬，大树、弱树、结果树，如天气干旱，均应及时灌水。否则不需灌水。

3. 宝珠梨的整形修剪特点

(1) 整　形

生产上大多采用疏散分层形和多主枝自然形。

幼树大多直立不开张，干性又强，故幼树期间，中央主干第一层多留1个主枝，还需注意开张主枝角度。

(2) 修　剪

①修剪特点

梨的顶端优势比苹果更强，顶芽枝生长常很旺，而侧芽和侧枝生长常较弱，如在修剪上不注意控制常出现中央主干和主枝单干向前延伸，因此在修剪上注意控制中央主干和主枝的伸长，注意扶助侧枝的生长。为了抑制中央主干或主枝的过旺伸长，同层主枝可以邻接、轮生，侧枝可以对生。充分利用撑、拉、吊和里芽外蹬等方法使各级主枝角度开张。

宝珠梨的萌芽力强，成枝力弱。因此培养侧枝较困难，应对骨干枝适当短截或长放二三年后再进行一次重回缩，以期待侧枝的生长。在剪截延长枝时，注意把剪口下第二或第三个芽放在要培养侧枝的位置。由于侧枝少，骨干枝后部较易光秃，隐芽寿命又长，故在修剪中注意及时更新。

宝珠梨由于生长较旺，过重修剪易引起陡长，所以背后枝换头时，对原头落头不要太快，则可利用原头缓放结果、逐年除去。

②培养枝组

宝珠梨还容易形成多年生鸡爪式小枝组，称为短果枝群，这种短果枝群不易为中型或大型枝组更新，因此修剪过程中应及早注意利用较强的营养枝培养较大的枝组。

③老树的更新复壮

宝珠梨绝大部分是老果园、生长势衰老、产量下降，但品质佳，因此对老果园的树特别要更新复壮修剪，采用多头换种，配合病虫防治和土、肥、水的管理，使昆明市宝珠梨焕发新的生机。

④树冠和主枝的修剪

因树作形、立足矮冠、选定主枝、重点修剪；抑外促内、压高促低，多余大枝先截后疏；环剥刻伤、尽量利用、长远规划、逐年疏除。

⑤内膛新生枝的修剪

内膛新枝、精心培养、过密则疏、中庸缓放；直立陡长、剪在疵芽、抑强扶弱、见花再短。

⑥结果枝的修剪

纤弱果枝、普遍回缩、有压有抬、有长有短；过密枝组、疏删短截、花芽叶芽、合理布局。

三、主要病虫防治

1. 黑星病

(1) 症　状

昆明市果产区群众称黑星病为“猫眼睛”。危害果实、叶片、新梢和芽的鳞片。谢花不久，新梢上最先发病，病斑近圆或长椭圆形，上长黑霉；后期病斑凹陷、周边或表面开裂呈疮痂状。叶片发病，先在叶背沿叶脉发生圆形或不规则形病斑，不久长出黑霉，甚至遍布叶背的全部、叶片变黄早落。果上病斑初呈圆形、淡黄色有黑霉，后病部木栓化，凹陷龟裂。

(2) 防治方法

①清除落叶、落果，剪除病枝、枯枝、落叶集中烧毁，减少病源。

②每年冬季喷1次5度石硫合剂，以杀死越冬病虫卵。

③坐果后，每隔15天喷1次25%敌杀死乳剂2000～2500倍，以防梨小食心虫。

④6月至9月中旬，气温高、雨水多、湿度大，是黑星病的发病盛期，选用百菌清600～800倍液，5%多菌灵600～800倍，退菌特800～1000倍或杜邦福星乳剂800～1000倍交替使用，每隔7～10天喷1次，连喷2～3次即可。

⑤冬季刮树皮（要吃梨、刮树皮）并涂白。涂白配方：生石灰1.5千克、食盐0.25千克、水5千克，加石硫合剂0.5份或加少许米汤、中性洗衣粉。

2. 食心虫

(1) 症状

食心虫简称梨小，又名东方果蛾。主要危害树梢、果实，成虫体长4.5~6毫米，全身暗褐色，前翅杂有白色鳞片，前缘有10组白色斜纹，翅端有10个小黑斑。老熟幼虫体长10~13毫米，粉红色。

梨大食心虫：又称梨大、蛀虫、吊死鬼等。主要危害梨的枝梢、果实，成虫体长10~15毫米，体和前翅从前缘至后缘有2条明显横带，将翅分成3区。初孵幼虫头部、全身稍红，老熟幼虫长18毫米左右，绿褐色。

(2) 防治方法

①冬季修剪、剪除虫芽、刮除粗皮、消灭越冬幼虫。

②4月上旬至7月中旬，每隔10~15天喷50%杀螟松乳油1000倍液，或50%马拉硫磷乳油2000倍液，或2.5%溴氰酯乳油3000~5000倍液，或20%杀灭菊酯3000~5000倍液1次。

3. 梨圆蚧

(1) 症　状

在昆明地区危害较重，尤其是梨、桃等果树。雄介壳长椭圆形，虫体橙黄色、尾端有2根长毛。雌介壳近圆形、直径约1.8毫米，灰白色或灰褐色，有同心轮纹，雌成虫扁椭圆形、虫体橙黄色。

(2) 防治方法

①保护寄虫蜂、寄生菌等天敌。

②冬季休眠期喷5%柴油乳剂；初孵若虫爬行时喷50%杀螟松乳剂1000倍，50%马拉硫磷乳油1000倍。

四、其他措施

1. 疏花疏果

结合修剪要适当地疏花疏果，一般每花序留2~3个果即可。

2. 套　袋

1980年代后期就实验应用套袋技术生产呈贡宝珠梨。近年来在梨的丰产优质生产上是一门不可少的措施。套袋可减少或控制果面暗绿色和锈斑的发生、提高商品果率。所用的袋是台湾产的双层纸袋更佳，也可自制。套袋以前要严格控制乳剂农药的使用，应用水剂或粉剂农药，这样可明显减少锈斑发生，保证商品果的优质化。

第十二章　红梨优质丰产栽培技术

一、品种介绍

全球主要种植的梨约200种，我国种植品种在100个左右。按果皮颜色划分，梨分为绿、黄绿（绿黄）、黄、褐、红五大类，其中红色梨最稀少。红梨按果实品质又分为东方红梨和西方红梨两类，其品质特点区别主要是东方红梨果皮红色或淡红色，果皮颜色艳丽，肉质脆、汁多，耐贮藏；西洋红梨外观呈暗红色，有芳香味，肉质软面、汁少、货架期短，不耐储运。

欧美各国早期育成的西方红梨有日面红、巴梨，后育出大红巴梨（Max－红色西洋梨）、红茄梨（Starkrimson）等品种，这些品种属西洋梨系统，在国际市场上有一定的竞争力。

东方红梨主要有中国农科院郑州果树所培育出的“红香酥”、“红香蜜”、“美人酥”、“满天红”；陕西果树所育成的“八月红”和云南省农业科学院选育的“云红梨1号”等品种，但这些品种在北方由于果实着色差或不着色未能大面积种植进入市场。

目前，昆明市种植的红梨品种主要有4个，详细介绍如下：

1. 95－2号

以日本幸水梨为母本，云南火把梨为父本杂交培育出来的品种。生长势强，枝条粗壮，萌芽力强，成枝力中等，易形成花芽，每个花序7～9朵花，花序坐果率高，多的可达5个，以短果枝结果为主，早果丰产性好。

95－2号属早熟品种，7月中旬成熟，果实圆形，果柄细长，果皮淡红色，皮薄、果肉白色、肉细、汁多、纯甜，平均单果重150～200克，可溶性固形物含量11.0%～13.0%，有芳香味，货架期短，不耐储运。

2. 32 号（美人酥）

以日本幸水梨为母本，云南火把梨为父本杂交培育出来的品种。植株生长势强，树冠近圆形，枝条粗壮，萌芽力强，成枝力中等，易形成花芽，每个花序 7～9 朵花，花序坐果 3～5 个，多的可达 7 个，以中长果枝腋花芽结果为主，顶端腋花芽可以连续结果，早果丰产性好。

32 号属中熟品种，8 月中旬成熟，果实近圆形，果柄细长，平均单果重 200～250 克，最大果重 300 克，果皮黄绿色，果面覆红色彩晕，果皮颜色艳丽，果肉白色，肉质酥脆，有少量的石细胞，汁多，味酸甜，可溶性固形物含量 11.5%～13.5%，耐储运、货架期长。

3. 35 号（满天红）：

以日本幸水梨为母本，云南火把梨为父本杂交培育出来的品种。植株生长势强，树冠近圆形，枝条粗壮，萌芽力强，成枝力中等，易形成花芽，每个花序 7～9 朵花，花序座果 3～5 个，以中长果枝腋花芽结果为主，早果丰产性好。

35 号属中熟品种，8 月中旬成熟，果实中等大小，平均单果重 230～280 克，最大果重 320 克，果实扁圆形，果皮黄绿色，果面覆红色彩晕，果皮颜色艳丽，果肉白色，肉质酥脆，有少量的石细胞，汁多，味酸甜，可溶性固形物含量 11.5%～13.5%，货架期中等。

4. 云红梨 1 号

云红梨 1 号是从云南梨品种资源中选育出的红色梨品种之一。生长势强，枝条粗壮，多绒毛，萌芽力强，成枝力中等，易形成花芽，每个花序 7～9 朵花，花序坐果 3～5 个，多的可达 6 个，以短果枝结果为主，早果丰产性好。

果实大，卵圆形，平均单果重 250～300 克，最大果重 350

克，果皮浅黄色，2/3 以上果面覆鲜红或浓红色晕，色泽艳丽，表面光洁，皮薄，果点明显。果肉白色，肉细、质地甜脆，汁较多，味甜酸，可溶性固形物含量 12.5%～13.5%，品质中上等。9 月下旬至 10 月上旬成熟，耐储运、货架期长。

二、红梨生产技术规程

（一）建园和种植

1. 建　园

园地环境条件应符合 NY5101－2002 的要求。

2. 品　种

应选择抗逆性强、果实品质好、适应市场需要且适宜当地种植的优良红梨品种。同一园地花期相近的品种至少安排 2 个以上，按品种特性、立地条件，以及栽培者要求按 1∶3～5 配置。

3. 苗　木

应选择品种纯正、根系发达、高 80cm 以上、离嫁接口 5cm 处直径达 0.8cm 以上、无检疫性病虫、无明显生理和机械损伤的苗木。

4. 种植密度

行株距缓坡地梨园为 4m×4m，平地梨园为 5m×5m 或 6m×4m。采用计划密植的梨园。行株距缓坡地梨园为 4m×2m 或 3m×2m，平地梨园为 5m×2.5m 或 4m×2m。

5. 种　植

定植穴（沟）：

黏质土：直径 1m，深 0.8～1m 穴（沟）；壤土：直径 1m，深 0.6～0.8m 穴（沟）；砂质土：直径 1m，深 0.5～0.6m 穴（沟）。地下水位 0.6m 以上的园地应作高畦，穴（沟）直径 1m，深 0.6m 穴。

6. **定植基肥**

（1）底层施入25～50kg以秸秆类为主的有机肥和土混合；覆土20cm厚；再施入25～50kg腐熟堆肥或厩肥加钙镁磷肥（酸性土）或过磷酸钙1kg和土混合均匀。

（2）回土：基肥施入后，回土高出地面20cm左右。

（3）种植时间：11月下旬至次年1月底前，早种为宜。

（4）种植方法：苗木根系修整后，舒展置于定植穴中部，覆土至嫁接部位，嫁接口露出地面，踏实泥土。浇稀薄肥水后上覆$1m^2$左右地膜。

（5）定干高度：土高40～60cm。

（二）土壤管理

1. **土壤指标**

土层深度：80cm以上；pH值：5.5～7.5；30cm土层内有机质含量：1.5%以上；田间持水量：田间最大持水量的60%～80%。

2. **土壤管理措施**

（1）增施有机肥

①有机肥料种类。

腐熟后的堆肥、厩肥、绿肥、秸秆肥、饼肥、人畜废弃物及沤肥、沼气肥、泥炭肥、腐殖酸类肥以及微生物肥料等。

②使用方法。

定植后的第一年9～12月沿定植穴外缘两侧开挖深60cm左右，长100cm，宽50cm的施肥深沟。每亩施入相当于2000kg以上腐熟厩肥的有机肥料和土充分混合。第二年在另两侧开挖深沟施入肥料。如此隔年轮换，直至全园深翻改土完成后，可连续2～3年进行地面撒施有机肥结合浅翻（深度30cm左右）。之后，根据树势生长情况，可重复以上逐年扩穴深沟施肥的方法。盛果期每亩施入相当于3000kg以上腐熟厩肥的有机肥料。

(2) 复 草

①复草材料：稻草、砻糠、杂草等。

②使用方法：

全园覆草：每亩覆草3500kg；

局部覆草：每平方米覆草5kg左右，种植带或树冠下覆草。

3. 水分调节

(1) 排水沟

地下水位60cm以下园地，行间开挖深30cm，宽40cm畦沟；两端开挖深60cm，宽100cm的排水支沟通排水主沟或外河。

地下水位60cm以上园地，行间开挖深60cm，宽80cm畦沟；两端开挖深80cm，宽100cm的排水支沟通排水主沟或外河。

(2) 灌 溉

灌溉时间：黏质土和壤土在萌芽前后到花期连续无雨达15天时应灌水。砂质土相应缩短天数。

灌溉方法：滴灌、微喷灌、沟灌、浇灌。

4. pH值调整

pH值小于6的土壤，施有机肥时，每亩加施50kg钙镁磷肥和200~300kg石灰粉。

pH值大于7的土壤，施有机肥时，每亩加施50kg过磷酸钙。

（三）整形修剪

1. 树 形

(1) 永久性树形

开心形：干高60cm左右。主枝3个，呈120°方位角，基角45°，腰角30°。副主枝6个，每一主枝两侧各配置1~2个副主枝，离中心干分枝处50cm左右处配置第1副主枝，第2副主枝在第1副主枝对侧，相距40cm左右，第3副主枝在第1副主枝同侧，相距90cm左右。副主枝与主枝夹角50°左右。侧枝配置在主枝、副主枝两侧，同侧侧枝间距 70cm 左右。

(2) 临时性树形：适合计划密植园临时性树

单干形：树高 2.5m 左右，中心干相当于副主枝，四周配置侧枝。干高 1m 以上部位配置侧枝，相近侧枝方位角 90°以上，同侧侧枝间距 70cm 以上。

"Y"字形：树高 2.5m 左右，两骨干枝方位角 180°，与主干呈 45°向两侧延伸。骨干枝两侧配置侧枝，同侧侧枝间距离 70cm。三干形：树高 2.5m 左右，三骨干枝间分位角 120°，与主干呈 45°延伸。骨干枝两侧配置侧枝，同侧侧枝间距离 70cm 以上。

2. 休眠期修剪

(1) 主枝、副主枝修剪

幼龄期按树形要求，选定主枝、副主枝延长枝，立支干，开张基角，诱引主枝、副主枝按目标方向延伸。选饱满芽、向外延伸的正芽，剪去当年枝 1/3 左右，抹除背生芽。剪去背生强枝，保留侧生枝，开张角度，予以轻剪。盛果期后，延长枝逐年重剪，3、4 年生枝段均以中、短果枝结果为主。5 年生以上枝段配置长果枝、侧枝。

(2) 侧枝修剪

主枝、副主枝上需配置侧枝的部位，或多年生侧枝须更新时，应选留预备枝。预备枝选主枝、副主枝两侧生长，与主枝副主枝呈直角，基部粗度在 0.6 ~ 0.8cm（如香烟粗度）的枝最合适。于6 月下旬开张枝角度，成 60°角，冬季修剪在 15 ~ 20cm 处予以短截，抹除其余背生芽。如基部粗度仅 0.5cm，留 10cm 左右短截，剪口芽朝上。基部粗度在 0.5cm 以下或 1.0cm 以上枝不适宜作侧枝预备枝。

(3) 第二年修剪

从预备枝先端发生的当年生枝，在 4 月下旬拉开角度成 60°

左右，冬季修剪仅剪去枝端弱芽部分，留1~1.2m长。

(4) 第三年修剪

视枝生长势及短果枝发育状况而定。如生长势强，短果枝充实，仍予轻剪，但剪截程度较上年略重。

(5) 四年生以上修剪

延长枝剪截程度逐年加重。短截程度依枝的生长势及实际经验而定。待基部粗度在2.5cm以上时，应予以更新。

(6) 侧枝的更新

老枝更新：在枝基部选留预备枝，培养新的侧枝，去除原枝段。

换枝更新：在原侧枝附近部位选留预备枝，培养新的侧枝，去除原侧枝。

(7) 短果枝的修剪

进入盛果期的树，过量短果枝形成，应按1果台留基部1花芽，疏除其余花芽。

3. 生长期修剪

(1) 抹 芽

芽萌动时，即萌芽2~5cm时，抹除以下部位萌发的芽：主枝、副主枝、大侧枝背生强芽；冬季剪除强枝后的剪口附近芽；锯除大枝后锯口附近及短果枝短截后发生的丛生芽。

(2) 拉 枝

4月下旬，侧枝预备枝及一年生侧枝开张角度60°；主枝、副主枝按树形要求开张角度。

(四) 花期管理

1. 疏花蕾

花蕾露出时进行。按枝条20cm左右长的距离，选留生长健壮、饱满的花芽留下；用手指将多余花蕾自上向下压，折断花梗，保留中间幼叶。

2. 人工授粉

（1）授粉时间

开花后5～7天均有效，以3天内为宜。

（2）适宜气温：15～20℃。

（3）采集花粉

花粉采自亲和力好、花期较早或相近，适宜作授粉品种的树体。当花蕾呈气球状时采集下来，脱除花瓣，收集花药，置于20～25℃环境中，花粉释放后，收集备用。

（4）授粉方法

①点授法

花粉新鲜、发芽率高时，可加入适量的松花粉、淀粉等填充物。花粉发芽率低于30%时，不必加入填充物。取12～14号铅丝7～8cm，一端套入1～1.5cm长的自行车气门橡皮，也可用毛笔、软橡皮等作授粉工具。对树高2.5m以下按20cm左右间隔，每花序选2朵刚开的花，予以点授。

②喷布授粉

花粉液的配制方法：先在100kg水中加入5kg砂糖，经搅拌溶解后成5%砂糖溶液，再加入0.5kg尿素搅拌均匀成糖尿溶液备用。另取5kg水加入0.5kg砂糖，配成10%砂糖液，再加入干燥花粉0.2kg，搅拌成悬浮液，用纱布过滤后，倒入糖尿溶液中搅拌均匀即配成花粉液。

用低量喷雾器或授粉器于盛花时轻轻喷布（喷前加0.1kg硼酸和100ml“6501”展着剂）。选晴天上午喷布，现配现用，在1小时内喷完。

3. 花期放蜂

10亩梨园放置2～3箱强旺蜂群。

4. 其　他

花期喷0.2～0.5硼砂、0.3%尿素。

（五）果实管理

1. 疏　果

（1）疏果时间：谢花后10～15天，生理落果结束后开始。

（2）留果标准：每果台留一果；全树着果数少时，可留二果。全树叶果比在30∶1左右。

（3）疏果方法：疏除无叶果、病虫果、外伤果、畸形果、发育不良、皮色暗淡或果顶平坦、果梗细长的幼果。保留第3～4位、果梗两端发达、表皮光亮、发育健壮的幼果。

2. 套　袋

（1）套袋时间：定果后开始，盛花后60日内完成。

（2）套袋方法：套袋前必须喷施杀虫剂和杀菌剂。果面干燥后套袋。套袋时要用手指将果袋撑开，避免果面与纸袋贴住；袋口扎紧，勿漏光；多风地区，可将袋口扎在果台基部。

（3）摘袋：果实采收前10～20天，将果袋摘除，让果实着色。

3. 追　肥

（1）壮果肥：结果多，树势较弱时，采收前30～40日间，每亩浅施氮、磷、钾含量各为15%的复合肥30～50kg。或浇施有机液肥。

（2）采后肥：果实采收后，每亩浅施氮、磷、钾含量各为15%的复合肥20kg左右。或浇施有机液肥。

4. 采　收

根据果实成熟度、用途和市场需求综合确定采收适期。高温期在早晨、上午采收。分批采收、大果先采。轻采轻放，不损坏叶片、枝条和果台。采收果品及时运入分级场地或隐蔽处，避免在阳光下直晒。

（六）病虫害防治

1. 防治原则

贯彻“预防为主、综合防治”的防治原则。

2. 防治措施

①严格执行国家规定的植物检疫制度，防止检疫性病虫蔓延、传播。

②农业防治：合理修剪及时清除病虫为害的枯枝、落叶，做好冬季清园工作，减少病虫源；加强培育管理，增强树势，提高抗性，创造有利于梨树生长不利于病虫发生的环境条件。

③生物防治：保护和利用天敌，释放寄生性捕食性天敌，如赤眼蜂、瓢虫、捕食螨、蜘蛛等。

④物理防治：利用害虫的趋光性及对某些物质的趋性诱杀，在成虫发生期，田间挂诱虫灯或性诱剂等诱杀。对发生轻，为害中心明显或有假死性的害虫，采取人工捕杀。

⑤化学防治

a. 加强病虫预测预报，做到及时、准确、有效的防治。

b. 优先选用生物源、矿物源农药。根据病虫发生规律，适时适期防治，交替合理使用不同药剂，防止病虫产生抗药性；尽量采取点治或挑治，减少全面喷药，提倡低容量喷雾。注意喷药质量，减少喷药次数。

c. 严禁使用剧毒、高毒、高残留或具有“三致”（致癌、致畸、致突变）的农药及各种遗传工作微生物制剂，具体禁止使用的化学农药为：砷酸钙、砷酸铅、甲基胂酸锌、甲基胂酸铁铵（田安）、福美甲胂、福美胂、退菌特、薯瘟锡、三苯基氯化锡、毒菌锡、氯化乙基汞（西力生）、醋酸苯汞（赛力散）、氟化钙、氟化钠、氟化酸钠、氟乙酰铵、氟铝酸钠、氟硅酸钠、滴滴涕、六六六、林丹、艾氏剂、狄氏剂、三氯杀螨醇及其混配剂、二澳乙烷、二澳氯丙烷、甲拌磷、乙拌磷、久效磷、对硫磷、甲基对硫磷、乙基对硫磷、甲胺磷、甲基异柳磷、治螟磷、氧乐果、磷胺、杀扑磷、稻瘟净、异稻瘟净、克百威（呋喃丹）、涕灭威、杀虫脒、五氯硝基苯、稻瘟醇（五氯苯甲醇）、苯菌灵、除草醚、草枯醚。

d. 如果生产上确属必需，允许有限度地使用部分高效低毒低残留的有机合成化学农药，但必须严格按照GB4285、GB8321的要求控制农药用量、使用浓度、使用次数及最后一次施药距采收的间隔期，且最终残留量必须严格控制在国家标准内（附录）。

附录　　可限制使用农药的品种

农药名称、剂型	主要防治对象	稀释倍数	安全间隔期(天)	施用方法、最多使用次数及实施说明(每年周期)
80%敌敌畏EC	梨茎蜂、星毛虫、刺蛾	500~1500	21	1次喷雾
1%阿维菌素EC	梨木虱	1000~2000	15	3次喷雾
Bt乳剂	刺蛾	500~1000	15	低龄幼虫期喷雾
0.36%苦参碱水剂	蚜虫、红蜘蛛	400~600	15	喷雾
95%机油EC	介壳虫	50~200	15	梨花芽膨大期喷雾
25%灭幼脲胶悬剂	象鼻虫、梨大、蜻象、梨小	1000~1500	30	喷雾2次
5%氟铃脲EC	梨木虱、锈壁虱	1000~2000	30	喷雾2次

续附录

农药名称、剂型	主要防治对象	稀释倍数	安全间隔期(天)	施用方法、最多使用次数及实施说明(每年周期)
25% 扑虱灵 WP	梨木虱、锈壁虱	1000~1500	21	喷雾 2 次
10% 吡虫啉 WP	梨木虱、梨网蝽、蚜虫、介壳虫	1000~3000	21	喷雾 3 次
50% 辛硫磷 EC	象鼻虫、蟢象	500~1000	15	喷雾 2 次
50% 马拉硫磷 EC	梨大、梨小、桃蛀螟	500~1000	21	喷雾 1 次
5.7 氟氯氰菊酯(百树得)EC	金龟子、吸果夜蛾	2500~3000	21	喷雾 2 次
2.5% 高效氟氯氰菊酯(保得)EC	金龟子、梨木虱	2500~3000	21	喷雾 2 次
20% 哒螨灵(哒螨酮)WP	红蜘蛛、锈壁虱	1500~2500	30	喷雾 1 次
25% 三唑锡(倍乐霸)WP	红蜘蛛、锈壁虱	1000~1500	21	喷雾 1 次
2.5% 三氟氯氰菊酯(功夫)EC	刺蛾	4000~6000	21	喷雾 1 次
20% 甲氰菊酯(灭扫利)EC	刺蛾、吸果夜蛾	3000~4000	21	喷雾 1 次

续附录

农药名称、剂型	主要防治对象	稀释倍数	安全间隔期(天)	施用方法、最多使用次数及实施说明(每年周期)
40% 氟硅唑(福星)EC	黑星病	6000~8000		喷雾3次
10% 农用链霉素WP	细菌性花腐病	500	15	萌芽期、花蕾期喷雾2次
5% 菌毒清水剂	根部病害	300	21	芽前喷雾、灌根
4% 843 康复剂水剂	枝干病害	原液		枝干涂抹
石硫合剂	清园	波美1-5度		芽前喷雾
12.5% 烯唑醇(速保利、特普唑)WP	黑星病	3000~4000	21	喷雾3次
80% 代森锰锌WP	黑斑病、黑星病、轮纹病、褐斑病	600~800	21	喷雾3次
60% 仙星WP	黑星病、褐斑病、轮纹病	1000~2500	21	喷雾3次
40% 新星EC	黑星病	3000~8000	21	喷雾2次
70% 甲基托布津WP	褐斑病、黑星病、轮纹病	500~1000	30	喷雾2次

续附录

农药名称、剂型	主要防治对象	稀释倍数	安全间隔期(天)	施用方法、最多使用次数及实施说明(每年周期)
50% 扑海因 WP	黑星病	1000	21	喷雾 1 次
20% 粉锈宁 EC	锈病、白粉病	1000 ~ 1500	21	喷雾 2 次
75% 百菌清 WP	轮纹病、褐斑病	500 ~ 800	21	喷雾 2 次

参考文献

1. 全国高等农业院校教材. 果树栽培学各论(南方本). 北京:中国农业出版社第三版

2. 全国高等农业院校教材. 果树栽培学总论. 北京:中国农业出版社第三版

3. 中国果树分类学. 北京:中国农业出版社

4. 园艺通论. 北京:中国农业大学出版社

5. 张兴旺. 云南果树栽培实用技术. 昆明:云南科技出版社

6. 徐国良,刘国胜. 梨病虫害防治彩色图说. 北京:中国农业出版社

7. 无公害蔬菜水果生产手册. 北京:科学技术文献出版社